高等职业院校教学改革创新示范教材·软件开发系列

Visual C#.NET
程序设计教程

黄人薇 主 编
洪 洲 袁 哲 副主编

電子工業出版社
Publishing House of Electronics Industry
北京·BEIJING

内 容 简 介

本书以Visual Studio 2010为程序开发环境，采用案例方式对Visual C#.NET进行了较为全面的阐述。全书共分6章，主要内容包括：Microsoft.NET简介，Visual studio.NET集成开发环境，C#.NET语法基础，顺序、选择和循环结构的程序设计，面向对象程序设计，异常处理，Windows窗体和相关控件，通用对话框，多窗体程序，多文档程序，C#.NET数据库编程，部署Windows应用程序等。本书内容简明扼要，知识点与实例密切结合，提供了每个实例的详细操作步骤、图表说明及源程序代码，提供了每章习题的参考答案，配备了授课电子教案。

本书可作为高等职业院校、成人教育学院Microsoft.NET课程的教材，也可作为Microsoft.NET程序员和软件技术人员的参考用书。

图书在版编目（CIP）数据

Visual C#.NET程序设计教程/黄人薇主编. —北京：电子工业出版社，2018.5
ISBN 978-7-121-34276-9

Ⅰ. ①V… Ⅱ. ①黄… Ⅲ. ①C语言－程序设计－高等学校－教材 Ⅳ. ①TP312.8

中国版本图书馆CIP数据核字（2018）第107742号

策划编辑：程超群
责任编辑：裴 杰
印 刷：北京七彩京通数码快印有限公司
装 订：北京七彩京通数码快印有限公司
出版发行：电子工业出版社
北京市海淀区万寿路 173 信箱 邮编 100036
开 本：787×1 092 1/16 印张：12 字数：307.2 千字
版 次：2018 年 5 月第 1 版
印 次：2018 年 5 月第 1 次印刷
定 价：35.00 元

凡所购买电子工业出版社图书有缺损问题，请向购买书店调换。若书店售缺，请与本社发行部联系，联系及邮购电话：（010）88254888，88258888。

质量投诉请发邮件至 zlts@phei.com.cn，盗版侵权举报请发邮件至 dbqq@phei.com.cn。

本书咨询联系方式：（010）88254577，ccq@phei.com.cn。

Visual Studio.NET 是 Microsoft 推出的功能强大的开发平台， C#是 Visual Studio.NET 开发平台中一种面向对象的可视化编程语言，采用.NET 框架，结合事件驱动机制，使程序设计变得快捷高效。

本书从实际教学需求出发，结合初学者的认知规律，以 Visual Studio 2010 为开发环境，由浅入深、循序渐进地讲解了 C#.NET 程序设计的基本知识和数据库项目开发技术。全书体系完整、例题丰富、可操作性强，所有例题、上机实操题全部通过调试。

全书共分 6 章，主要内容包括：.NET 简介，.NET 集成开发环境，C#.NET 语法基础，顺序结构、选择和循环结构的程序设计，面向对象程序设计，异常处理，Windows 窗体和相关控件，通用对话框，多窗体程序，多文档程序，数据库编程，部署 Windows 应用程序等。

本书具有如下特点：

（1）本书简明扼要，从入门知识开始，不要求读者掌握任何程序设计方面的基础知识，适合初学者学习。

（2）本书知识点与实例密切结合，全书提供了几十个实例，以便读者轻松掌握相关理论知识。

（3）本书提供了每个实例的详细操作步骤和图表说明，采用“做中学，学中做”的教学方式，以便读者轻松掌握实际操作。

（4）本书还提供了一个完整的数据库编程实例，以便读者掌握增加、删除、修改、查询、浏览等数据访问功能的实现。

（5）本书提供的每章课后习题，既有填空、选择、判断、问答等理论知识题，也有运行程序、编写程序等上机实操题，以便读者进一步巩固知识点和掌握编程技巧。

（6）本书提供了每章习题的参考答案，以便读者及时检测所学的知识。

（7）本书配有 PPT 课件及所有实例与上机操作题的源程序代码等教学资源，均可从华信教育资源网（www.hxedu.com.cn）免费下载。

本书由广州城市职业学院黄人薇担任主编，广州城市职业学院洪洲、山东外事翻译职业学院袁哲担任副主编，广东有线广播电视网络有限公司肖云、广东科学技术职业学院刘海参编。其中，黄人薇编写第 4 章和第 5 章，洪洲编写第 3 章，袁哲编写第 2 章，肖云编写第 6 章，刘海编写第 1 章，全书由黄人薇统稿。

本书是广州城市职业学院“创新强校”社会服务能力提升项目——服务机器人应用协同

创新中心、广州市教育系统创新学术团队项目——服务机器人关键技术研究与应用（项目编号为 1201610027）、广东省高职教育优秀教学团队建设项目——软件技术等的研究成果之一。

本书可作为高等职业院校、成人教育学院.NET 课程的教材，也可作为.NET 程序员或软件技术人员的参考用书。

由于编写时间仓促，编者水平有限，书中存在疏漏之处在所难免，敬请读者批评指正。

编者联系邮箱：1263421385@qq.com。

编　者

CONTENTS
目
录

第1章 C#.NET概述

1.1 .NET简介

1.1.1 .NET简述

Microsoft.NET，简称.NET，是Microsoft的新一代技术平台，构建于开放的Internet协议和标准上，以新的方式提供计算和通信等服务。除Visual C#外，Visual Basic、Visual C++等多种开发语言均被集成到.NET平台中，为开发者提供了统一的用户界面和安全机制。.NET的公用语言子集（Common Language Subset，CLS）提供了无缝的集成给符合其规范的语言和类库，类库提供了对XML（Extensible Markup Language，可扩展标记语言）的完全支持。

在.NET平台上编写的源代码被编译成与处理器无关的中间语言（Intermediate Language，IL）代码，程序运行时在即时编译器（Just-In-Time，JIT）的编译下、由中间语言代码编译成本机机器代码，以实现程序开发的跨平台性和可移植性。

.NET开发平台如图1.1所示。

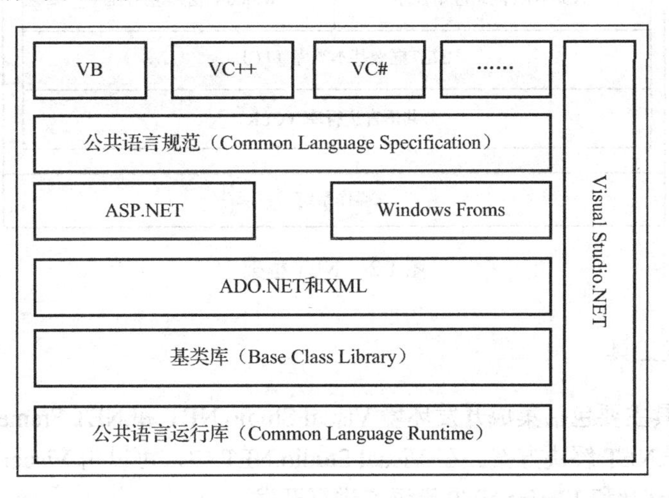

图1.1 .NET开发平台

.NET开发平台包括底层操作系统、.NET企业服务器、XML Web服务构件、.NET框架、.NET开发工具五个部分。其中，.NET框架是核心部分。

1．底层操作系统

Web 服务程序和使用 Web 服务的应用程序都运行在计算机上，如 Windows 7、Windows 8、Windows 10 等操作系统是必需的。

2．.NET 企业服务器

.NET 企业服务器（Enterprise Servers）是 Microsoft 公司推出的基于 Web 服务应用进行企业集成和管理的系列产品，如 Microsoft SQL Server 2014 为企业的信息化和信息集成提供了帮助。

3．XML Web 服务

XML Web 服务提供了一系列高度分布可编程的公用性网络服务，只要客户端支持 XML、SOAP（Simple Object Access Protocol，简单对象访问协议），就可以访问该服务，与之进行交互，不受操作系统、编程语言等的限制。

4．.NET 框架

.NET 框架（Framework）支持包括 Windows 窗体、Web 窗体、XML Web 服务等在内的各种应用程序，是.NET 平台的一个运行和执行环境。.NET 框架主要包括公共语言运行库（Common Language Runtime，CLR）和 Framework 基本类库（Framework Class Library，FCL），如图 1.2 所示。

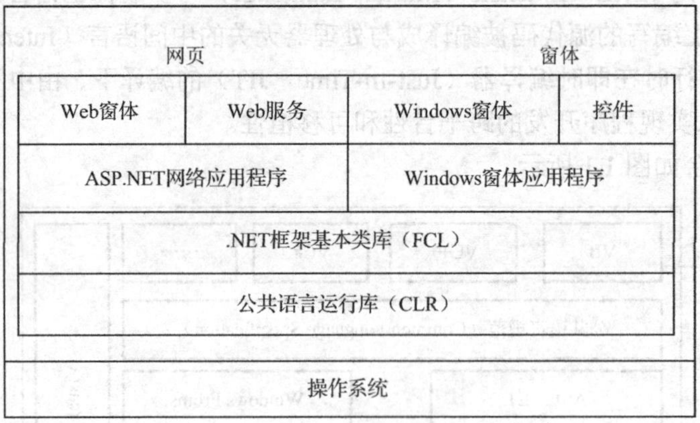

网页
窗体
Web窗体
Web服务
Windows窗体
控件
ASP.NET网络应用程序
Windows窗体应用程序
.NET框架基本类库（FCL）
公共语言运行库（CLR）
操作系统

图 1.2　.NET 框架

5．.NET 开发工具

.NET 开发工具主要包括集成开发环境 Visual Studio.NET 和.NET Framework，用于创建、设计、运行和部署.NET 解决方案。在 Visual Studio.NET 中，可以用 Visual C#、Visual C++、Visual Basic、Visual J#和 JScript.NET 等语言进行开发。

1.1.2 .NET 框架

.NET 框架主要包括以下几种组件。

1. 公共语言运行库（CLR）

CLR解决了各种不同编程语言之间相互调用同一个程序的问题，其管理工作如下：

① 确定加载代码的方式和时机，管理对象在内存中的分配。代码执行时，CLR将决定代码所需要的类和方法，并按需要将原先编译过的中间语言（IL）进行即时编译（JIT）。

② 管理托管所占用的内存，用垃圾收集器（Garbage Collection，GC）实现对无用内存的回收。

③ 使用基于异常处理机制的通用错误处理方式，对托管代码中的错误进行处理和传递。

④ 维护CLR和应用程序的安全性。在.NET框架中，安全性有两种形式：代码访问的安全性和角色的安全性。前者用于确保在安全的访问中执行代码，后者用于控制对系统资源的访问。

2. .NET框架基本类库（FCL）

面向对象编程语言的函数库是由一些预先定义好的类构成，函数库里主要存放一些预先定义好的常用功能函数，用户编程时可以直接调用函数库里的函数。不同的编程语言都有自己的函数库，函数库的内容和存取方式都各不相同，这就给不同的编程语言之间的相互调用造成了巨大的障碍。

.NET 框架的基本类库就是为了解决这个问题而建立的公共类库（函数库），各种符合公共语言规范的编程语言都可以调用其中的内容。基本类库将系统的基本功能，如窗口对象、网络存取、通信协议等分成几个基本类，程序语言可以直接调用基本类，也可以在基本类的基础上增加一些功能，通过继承建立的新类来调用。

3. 数据库访问组件（ADO.NET和XML）

ADO.NET是一组用于和数据源进行交互的面向对象类库。一般情况下，数据源可以是数据库，也可以是文本文件、Excel表格或者XML文件。ADO.NET允许和不同类型的数据源进行交互，不同的数据源采用相应的协议，可以使用ODBC协议，也可以使用OLE-DB协议，这些数据源都可以通过.NET的ADO.NET类库来进行连接，这些类库称为Data Providers，通常以与之交互的协议和数据源的类型来命名。

4. Windows桌面应用界面编程组件（Windows Form）

Windows Form是一种用户界面，Word、Excel等的界面就是Windows Form。

5. 基于ASP.NET编程框架的网络服务（Web Services）和网络表单（Web Forms）

Web Forms是另一种用户界面，ASP.NET用于开发Web应用程序，应用程序中包括验证、缓存、状态管理、调试和部署等功能。

1.1.3 .NET特性

1. 一次编译，多处运行

.NET Framework具有平台无关的特性，程序员开发的.NET应用程序经编译后得到中间语言代码交由.NET Framework完成机器码的即时编译工作。程序员无须考虑硬件的不同或系统需要指令的不同或程序运行的系统平台环境，只要获得.NET Framework支持就可以正常运行程序，程序代码的移植和运行都由.NET Framework 自动完成。

2. 自动内存管理，安全编程

.NET 中的 CLR 为应用程序提供了高性能的垃圾收集环境。垃圾收集器自动追踪应用程序操作的对象，程序员再也用不着和复杂的内存管理打交道。

3. 强大的基本类库

.NET Framework 中的基本类库提供了非常丰富的类，使程序开发变得简单。例如，字符串处理、数据收集、数据库连接，以及文件访问等，.NET Framework 都提供了完善的类可以直接使用。Microsoft .NET 框架基本类库是一组广泛的、面向对象的可重用类的集合，为应用程序提供各种开发支持，包括命令行程序、Windows 窗体程序及 Web 程序。

1.2 Visual Studio .NET 集成开发环境

1.2.1 解决方案管理器

解决方案资源管理器以树状的结构显示整个解决方案中包括哪些项目、每个项目具体组成等信息，如图 1.3 所示。

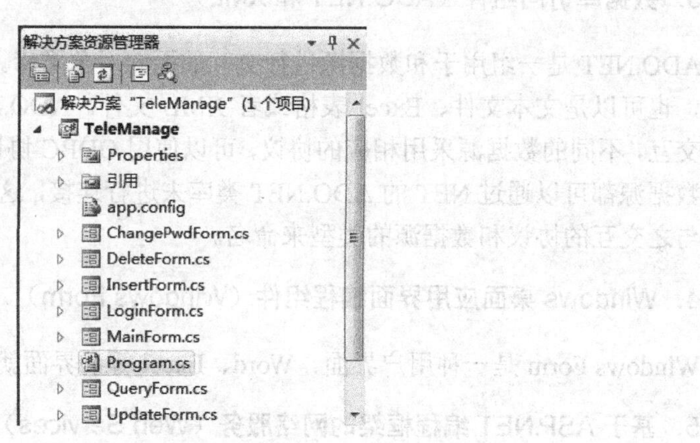

图 1.3　解决方案资源管理器

解决方案资源管理器像一个列表，列出了解决方案中的所有窗体文件和其他相关文件，双击其中任何一个文件都可以在编程环境的工作区中显示出这个文件，从而进行编辑。当工作区中显示的文件过多时，可以关掉暂时不用的文件，等到要用时再从解决方案资源管理器中双击将其打开。

1.2.2 控件工具箱

控件工具箱列出所有可用控件，如按钮、标签、文本框等。C#提供的控件分别放在“数据”、“组件”、“所有 Windows 窗体”、“常规”等选项卡中，如图 1.4 所示。

图 1.4　工具箱

选项卡中的控件不是一成不变的，可以根据需要增加或删除。在工具箱窗口相应控件选项卡上右击，在弹出的快捷菜单中选择“选择项”对话框，弹出一个包含所有可选择控件的对话框，勾选所需使用的控件前面的复选框，单击“确定”按钮，就可以在当前选中的选项卡下面添加这个控件。展开相应控件选项卡，在所需删除的控件上右击，在快捷菜单中选择“删除”即可。

1.2.3 属性窗口

所谓属性，就是对象的一些性质。我们常用到的控件属性，如文本框控件的宽度、高度、位置等都是属性。

属性窗口用于显示和设置选中的控件或窗体等对象的属性，如图 1.5 所示。可以直接在属性窗口中设置各属性值，也可以通过代码设置。当选中属性窗口的某一栏时，属性窗口下部的窗格中会显示当前选中属性的简要介绍。

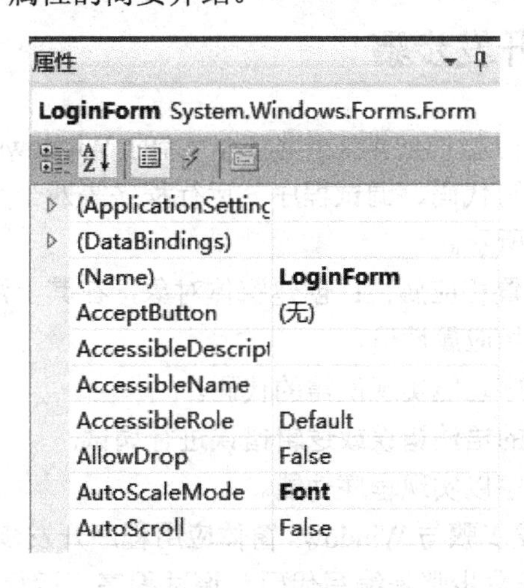

图 1.5　属性窗口

1.3 创建一个简单的 C#程序

1.3.1 C#程序的文件类型

在 Visual Studio.NET 集成开发环境下编写的 C#应用程序称作解决方案（solution），可以由一个或多个项目组成，每个项目可以包含一个或多个程序文件，一个项目可以只有一个窗体，也可以有多个窗体和附加文件。

以项目名称为 Hello 的 Windows 窗体应用程序为例，C#窗体应用程序中的文件类型及其说明如表 1.1 所示。

表 1.1　文件类型

类　型	图　标	说　明
Hello.sln		解决方案文件——解决方案的主文件，记录与解决方案及所含项目有关的信息，打开该文件才能处理或运行项目
HelloForm.cs		.cs（C#）文件——包含为窗体编写的方法代码，可以在任何编辑器中打开
HelloForm.resx		窗体资源文件——定义窗体使用的所有资源，包括文本串、数字及图形等
Hello.csproj		项目文件——描述项目，列出项目中包括的文件
HelloForm.Designer.cs		.cs（C#）文件——包含窗体及其控件的定义
Program.cs		.cs（C#）文件——包含自动生成的、在执行程序时首先运行的代码

1.3.2 应用程序开发步骤

不考虑问题分析和算法分析的前期工作阶段，C#的 Windows 窗体应用程序开发包括设计用户界面与设置属性、编写代码、调试程序、运行程序等四个步骤，重复按这四个步骤来规划和创建项目，具体如下所示。

（1）设计用户界面与设置相应属性：创建窗体对象，在其上添加所需的控件对象，对每个对象进行命名，并设置其相应属性值。

（2）编写代码：编写程序功能实现所需的代码。

（3）调试程序：对出现的语法错误或逻辑错误进行调试。

（4）运行程序：运行程序以实现程序功能。

C#的 Web 应用程序开发步骤与 Windows 窗体应用程序开发步骤类似。

C#的控制台应用程序开发步骤是编写代码、调试程序、运行程序。

1.3.3 三种常用应用程序

1. Windows 窗体应用程序

Windows 窗体应用程序是图形化用户界面程序。Visual Studio 2010 中开发 Windows 窗体应用程序是使用图形用户界面开发工具来进行设计的。

【例 1-1】 在 Windows 窗体中显示文字。要求：创建一个 Windows 窗体应用程序，运行时在消息框中显示“Hello，China!”；程序运行界面如图 1.6 所示。

图 1.6　程序运行界面

具体步骤：

（1）启动 Visual Studio 2010。

（2）选择“文件”→“新建”→“项目”选项，弹出“新建项目”对话框，选择 Visual C# 开发项目类型，选择“Windows 窗体应用程序”选项，选择项目文件存放位置，输入项目名称“helloWindows”，单击“确定”按钮，进入设计界面，如图 1.7 所示。

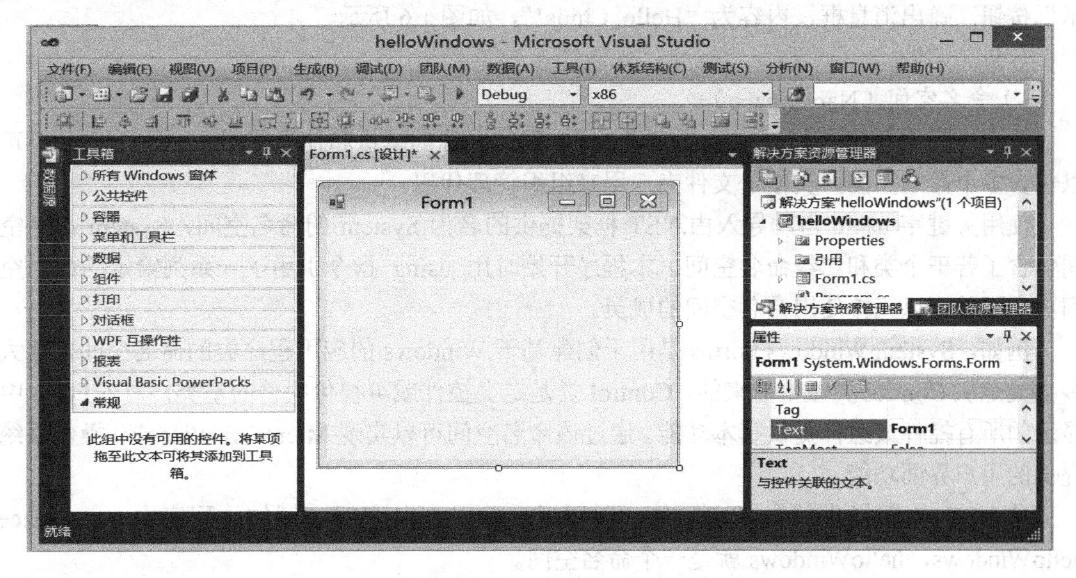

图 1.7　设计界面

（3）在工具箱中将 Button 控件拖到 Form1 中生成一个按钮对象 button1，调整其大小和位置。右击 button1，在弹出的快捷菜单中选择“属性”选项，在“属性”窗口中将按钮的 Text 属性改为“显示”。

（4）双击“显示”命令按钮，切换到代码窗口，在button1_Click事件中添加一行代码

“Message Box.Show("Hello, China!");”。

代码窗口的内容如下：

```
using System;
using System.Collections.Generic;
using System.ComponentModel;
using System.Data;
using System.Drawing;
using System.Linq;
using System.Text;
using System.Windows.Forms;

namespace helloWindows
{
    public partial class Form1 : Form
    {
        public Form1()
        {
            InitializeComponent();
        }

        private void button1_Click(object sender, EventArgs e)
        {
            MessageBox.Show("Hello, China!", "提示");
        }
    }
}
```

大部分 C#语句是自动生成的

（5）单击“启动调试”按钮或按 F5 键运行程序，显示一个窗体界面，单击窗体中的“显示”按钮，弹出消息框，内容为“Hello, China!”，如图 1.6 所示。

分析与归纳：

1）命名空间（NameSpace）

命名空间用关键字 NameSpace 定义，用来限定名称的解析和使用范围。一个 C#文件中可以包含多个命名空间，类似于文件夹，用来组织管理代码。

使用关键字 using 自动导入由.NET 框架提供的名为 System 的命名空间，System 命名空间包含了若干个类和二级命名空间。本程序开始时用 using 指令引用了一系列给定的命名空间，后面就可以直接使用命名空间的成员。

例如，System.Windows.Forms 是用于创建基于 Windows 的应用程序类的命名空间，其大多数类是从 Control 类派生而来的，Control 类是定义控件或可视化组件的基类，为在 Form 中显示的所有控件或组件提供基本功能。通过该命名空间可以实现 Microsoft Windows 操作系统提供的用户界面功能。

除.NET 框架提供的命名空间外，还可以自定义命名空间。例如，程序中 namespace helloWindows，helloWindows 就是一个命名空间。

创建项目时，会自动创建一个以项目名命名的命名空间。

2）类（Class）

类用关键字 class 定义，C#程序中的每个对象都必须属于一个类。本例中声明了一个名叫 Form1 的类。其中，public 是访问修饰符，说明类 Form1 具有公共访问权限；partial 说明类 Form1 是分部类，可以将类的定义拆分到两个或多个源文件中；class Form1: Form 说明类

Form1继承自Form类；Form类用以表示应用程序内的窗口。

3）private void button1_Click(object sender, EventArgs e)

private是访问修饰符，说明button1_Click事件方法的访问权限是私有的，仅能在Form1类的内部使用；当单击button1时，便会触发一个Click（单击）事件，程序自动调用相应的事件方法进行处理；事件方法的基础代码由系统自动提供，具体内容由用户自己编写。

本例中，由于Click事件是button1的默认事件，直接在button1上双击就可以进入该事件方法进行代码编写。对于非默认事件，如MouseClick事件，则需要选择button1后，在属性窗口的工具栏中单击“事件”按钮，从列出的所有事件中，双击MouseClick才能进入button1的MouseClick事件方法进行代码编写。

4）消息框（MessageBox）

MessageBox是.NET框架基本类库中的类，位于System.Windows.Forms命名空间中，用于显示包含文本、按钮、图标等内容的消息框，其Show()方法中的参数决定消息框内需要显示的内容，本例中消息框内有标题"提示"和显示内容"Hello, China!"。

5）注释语句

单行注释，即写在每一行中“//”的后面，需注释的内容不跨行；多行注释，即以“/*”开始，以“*/”结束，需注释的内容可跨多行。

使用注释语句，可以提高程序的可读性和可维护性。编译程序时，注释语句不参与编译。

6）其他

C#程序区分大小写；所有语句以“;”（分号）作为结束；“{”和“}”用来对语句进行分组，分别标示某个代码块的开始和结束；书写代码时尽量用缩进来表示代码的结构层次。

2．Web应用程序

ASP.NET Web应用程序，即网站，是由Web窗体（页）、控件、代码模块和服务组成的集合。Visual Studio 2010中开发Web应用程序也是使用图形用户界面开发工具来进行设计的。

【例1-2】 Web窗体中显示文字。要求：创建一个Web应用程序，运行时在标签中显示“Hello, China!”；程序运行界面如图1.8所示。

图1.8　运行界面

具体步骤：

（1）启动Visual Studio 2010。

（2）选择“文件”→“新建”→“网站”选项，弹出“新建网站”对话框，选择要建立的网站类型为“ASP.NET网站”，输入网站文件系统的文件夹名称WebSite，如图1.9所示。单击“确定”按钮，系统自动完成项目的配置，生成Web窗体文件Default.aspx及与之相关联的源代码文件 Default.aspx.cs 等。

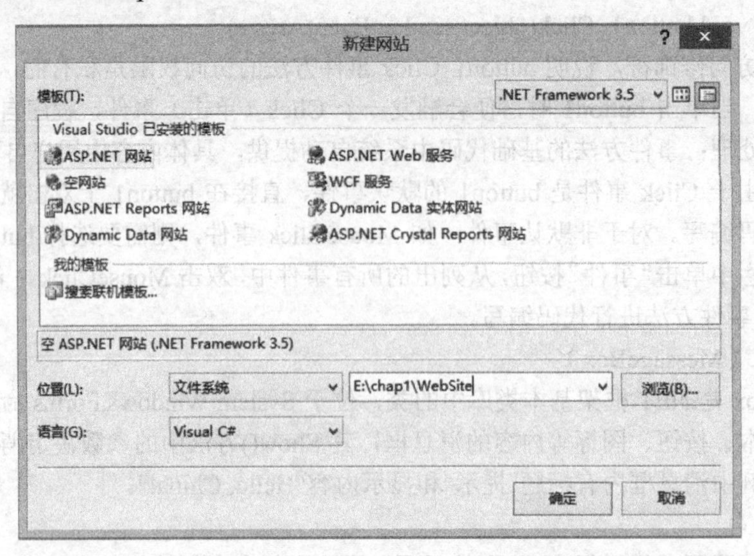

图 1.9　新建 ASP.NET 网站

（3）在解决方案管理器中右击文件 Default.aspx，在弹出的快捷菜单中选择“重命名”选项，将文件名 Default.aspx 修改为 HelloWeb.aspx，系统将 Default.aspx.cs 自动改为 HelloWeb.aspx.cs，如图 1.10 所示。

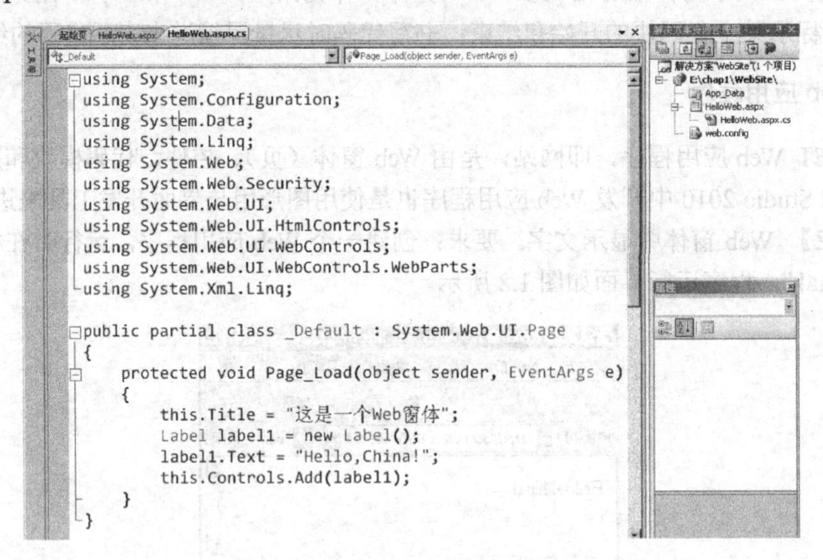

图 1.10　代码界面

（4）右击 Visual Studio 2010 设计区，在弹出的快捷菜单中选择“查看代码”选项，将 Web 窗体的设计或编辑视图切换为源程序代码文件 HelloWeb.aspx.cs 的编辑视图，在 HelloWeb.aspx.cs 文件的源代码窗口添加代码，如图 1.10 所示。

（5）在解决方案管理器中，右击文件“HelloWeb.aspx”，在弹出的快捷菜单中选择“在浏览器中查看”选项，Visual Studio 2010 将启动 C#语言编辑器编译程序，执行 Web 窗体应用程序，将结果输出到浏览器，如图 1.8 所示。

3. 控制台应用程序

控制台应用程序是指非图形化用户界面，使用命令行方式进行人机交互的程序。

【例 1-3】 控制台输出一行文字“Hello，China!”。

具体步骤：

（1）启动 Visual Studio 2010。

（2）选择“文件”→“新建”→“项目”选项，弹出“新建项目”对话框，如图 1.11 所示。在“已安装的模板”中选择模板 Visual C#，选择“控制台应用程序”选项，选择项目存放位置为“E:\chap1\”，输入项目名称“helloConsole”，单击“确定”按钮，进入编程界面。

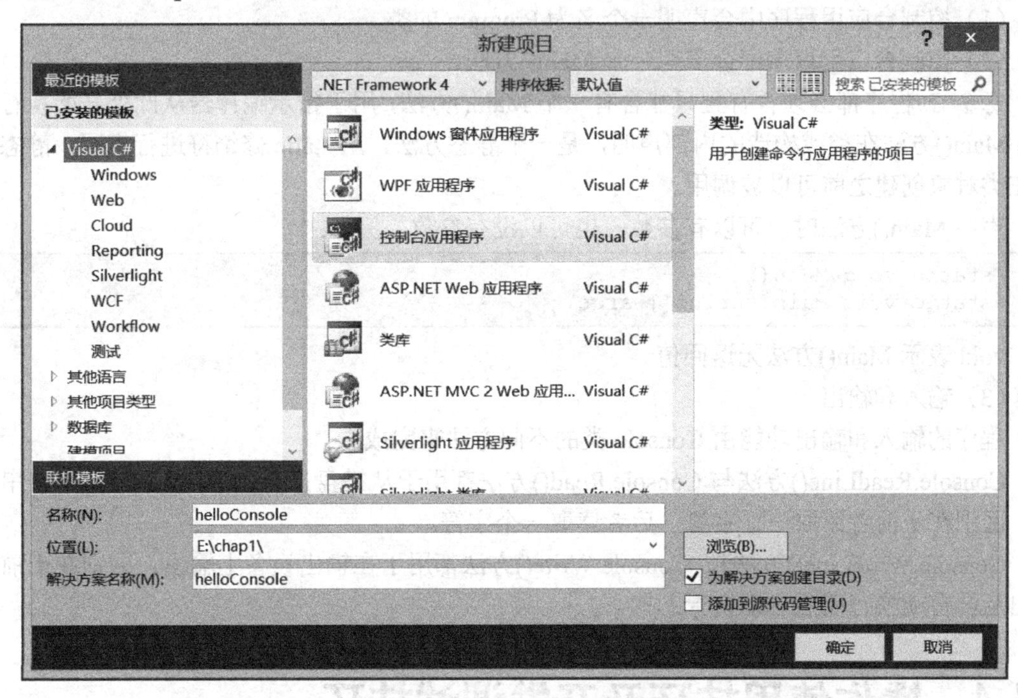

图 1.11 “新建项目”对话框

（3）在代码窗口的 Main 方法中输入相应代码，Program.cs 文件的代码如下：

```
using System;
using System.Collections.Generic;
using System.Linq;
using System.Text;

namespace helloConsole
{
    class Program
    {
        static void Main(string[] args)
        {
            Console.WriteLine("Hello,China!");
            Console.Read();
        }
    }
}
```

（4）单击“启动调试”按钮或按 F5 键运行程序，输出结果如图 1.12 所示。

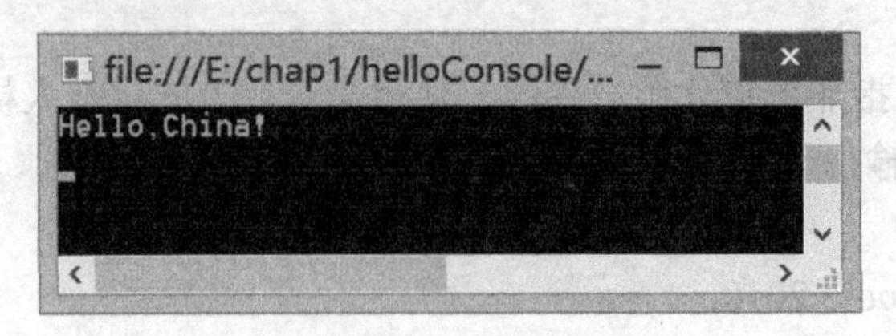

图 1.12　运行界面

分析与归纳：

（1）控制台应用程序中会声明一个名为 Program 的类

（2）控制台应用程序中会声明一个 Main()方法。

每个 C#程序都必须含有且只能含有一个 Main()方法，用于指示编译器从此处开始执行程序。Main()方法在类或构造的内部声明，是一个静态方法，用 static 修饰符进行声明，静态方法在类对象创建之前可以被调用。

声明 Main()方法时，可以有参数，也可以没有参数，例如：

```
static void Main()
static void Main(string[] args)
```

void 表示 Main()方法无返回值。

（3）输入和输出。

程序的输入和输出功能由 Console 类的不同方法来完成。

Console.ReadLine()方法与 Console.Read()方法都用于从键盘读入信息，返回值是字符串类型，区别在于前者读取一行字符，后者读取一个字符。

Console.WriteLine()方法与 Console.Write()方法都用于在输出设备上输出，区别在于前者输出后会自动换行而后者不换行。

1.4　操作使用技巧及开发调试技巧

1.4.1　拆分代码窗口

当需要对同一文档的不同部分代码进行查看的时候，可以通过拆分代码窗口来查看代码的不同部分。将鼠标移动到代码窗口右上角滚动条的上方，出现双向箭头时向下拖至想拆分的位置，或选择“窗口”→“拆分”选项，就可以在不同窗口通过移动滚动条来查看代码的不同部分，如图 1.13 所示。

1.4.2　设置断点，跟踪调试

在开发过程中使用得最多的就是断点调试方法。

将鼠标定位在需要设置断点的语句上，右击，在弹出的快捷菜单中，选择“断点”→“插入断点”选项，当代码变为红色背景时，该行即设置了一个断点，如图 1.14 所示。

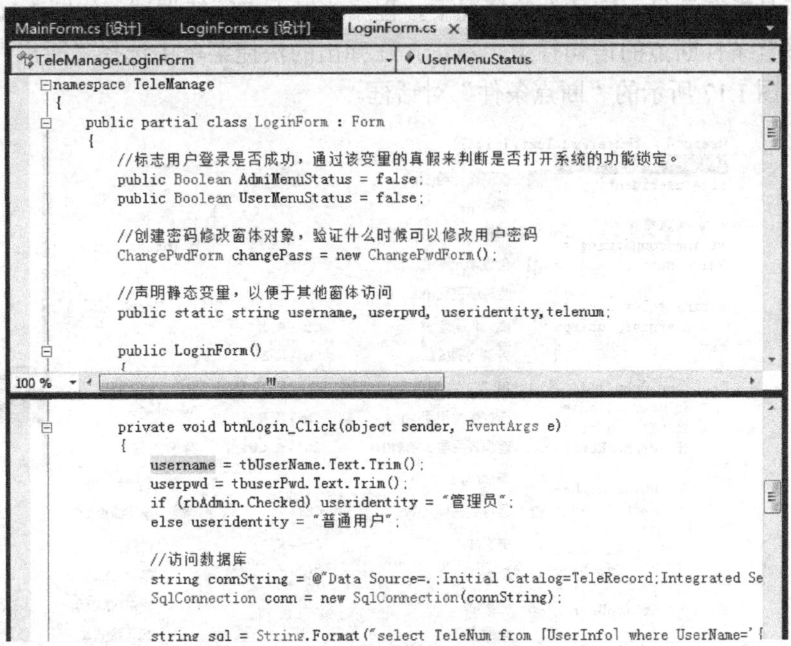

```
MainForm.cs [设计]   LoginForm.cs [设计]   LoginForm.cs ×
TeleManage.LoginForm                    UserMenuStatus
namespace TeleManage
{
    public partial class LoginForm : Form
    {
        //标志用户登录是否成功，通过该变量的真假来判断是否打开系统的功能锁定。
        public Boolean AdmiMenuStatus = false;
        public Boolean UserMenuStatus = false;

        //创建密码修改窗体对象，验证什么时候可以修改用户密码
        ChangePwdForm changePass = new ChangePwdForm();

        //声明静态变量，以便于其他窗体访问
        public static string username, userpwd, useridentity,telenum;

        public LoginForm()
        {
100 %
        private void btnLogin_Click(object sender, EventArgs e)
        {
            username = tbUserName.Text.Trim();
            userpwd = tbuserPwd.Text.Trim();
            if (rbAdmin.Checked) useridentity = "管理员";
            else useridentity = "普通用户";

            //访问数据库
            string connString = @"Data Source=.;Initial Catalog=TeleRecord;Integrated Se
            SqlConnection conn = new SqlConnection(connString);

            string sql = String.Format("select TeleNum from [UserInfo] where UserName='{
```

图 1.13　拆分代码窗口

```
MainForm.cs [设计]   LoginForm.cs [设计]   LoginForm.cs ×
TeleManage.LoginForm                    btnLogin_Click(object sender, EventArgs e)
        public static string username, userpwd, useridentity,telenum;

        public LoginForm()
        {
            InitializeComponent();
        }

        private void btnLogin_Click(object sender, EventArgs e)
        {
            username = tbUserName.Text.Trim();
            userpwd = tbuserPwd.Text.Trim();
            if (rbAdmin.Checked) useridentity = "管理员";
            else useridentity = "普通用户";
```

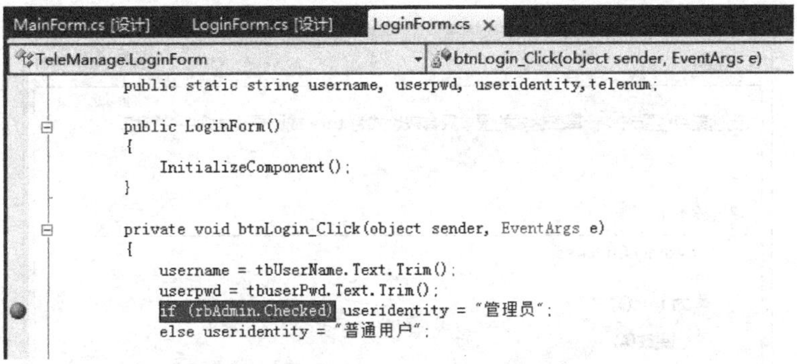

图 1.14　设置断点

当程序执行到该语句时便停下来，如图 1.15 所示，把控制权交给调试程序。此时，可以按 F10 键逐行进行试调，也可以按 F11 键逐语句进行调试。

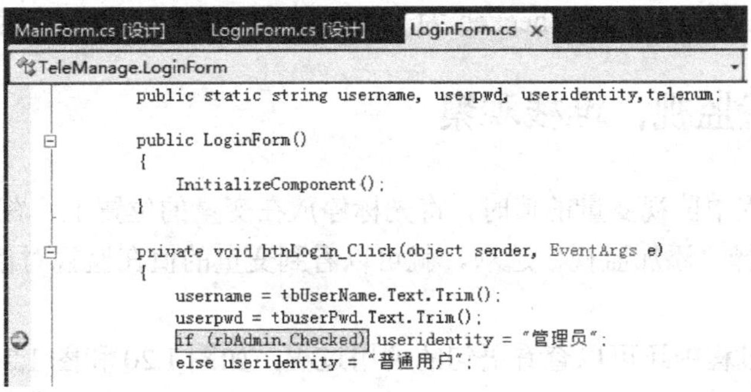

```
MainForm.cs [设计]   LoginForm.cs [设计]   LoginForm.cs ×
TeleManage.LoginForm
        public static string username, userpwd, useridentity,telenum;

        public LoginForm()
        {
            InitializeComponent();
        }

        private void btnLogin_Click(object sender, EventArgs e)
        {
            username = tbUserName.Text.Trim();
            userpwd = tbuserPwd.Text.Trim();
            if (rbAdmin.Checked) useridentity = "管理员";
            else useridentity = "普通用户";
```

图 1.15　调试程序

条件断点是指在满足一定条件的情况下，程序才停下来等待调试，如图 1.16 所示。将鼠标定位在待设置条件断点的语句行上，右击，在弹出的快捷菜单中选择“断点”→“条件”选项，弹出如图 1.17 所示的“断点条件”对话框。

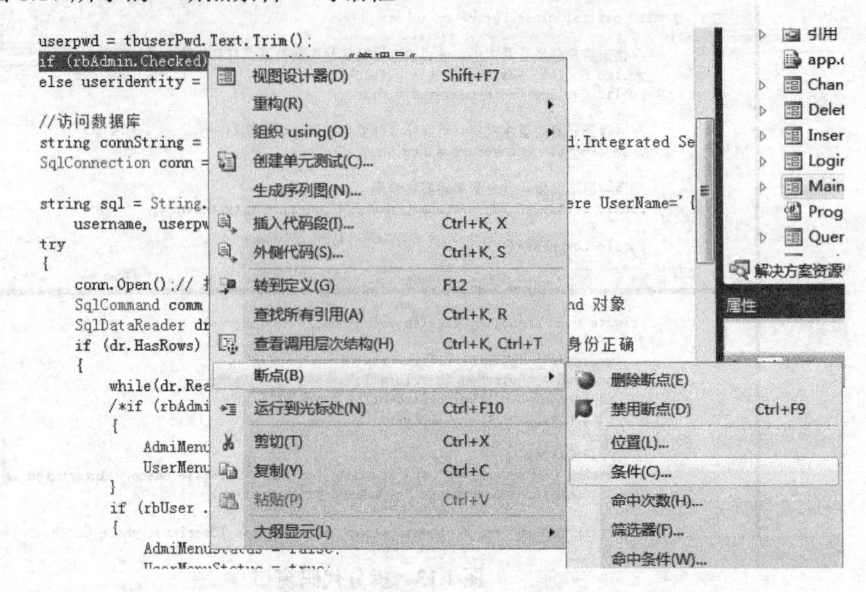

图 1.16 条件断点

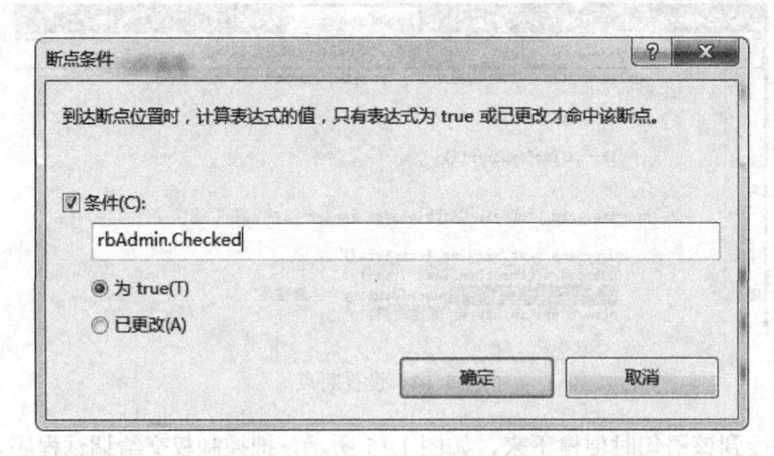

图 1.17 “断点条件”对话框

输入断点条件，如 rbAdmin.Checked 为 True，单击“确定”按钮，运行程序。

1.4.3 变量监视，堆栈观察

在程序调试过程中监视变量的值时，将光标停放在变量的位置上，右击，弹出快捷菜单，如图 1.18 所示。选择“添加监视”选项，就可以看到变量的值在监视对话框中显示出来了，如图 1.19 所示。

在断点调试的过程中还可以查看语句的调用过程，如图 1.20 和图 1.21 所示。

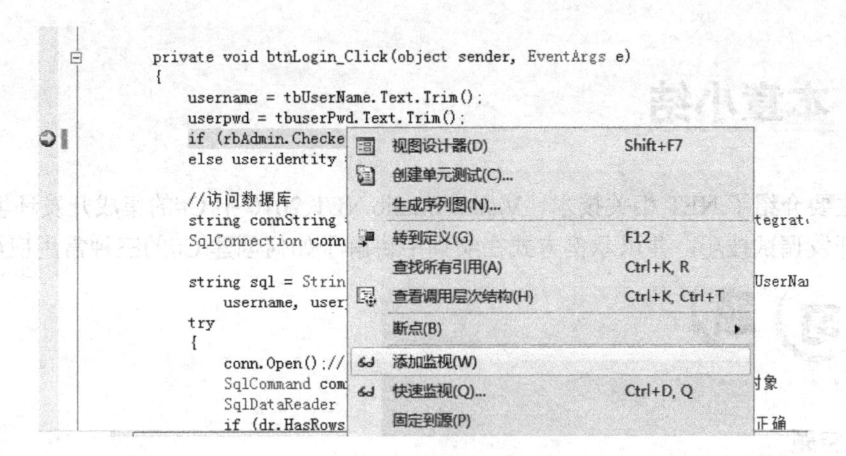

图 1.18　添加变量监视

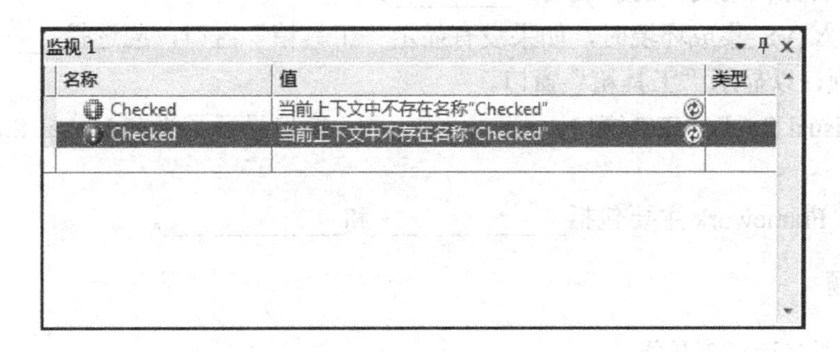

图 1.19　变量显示对话框

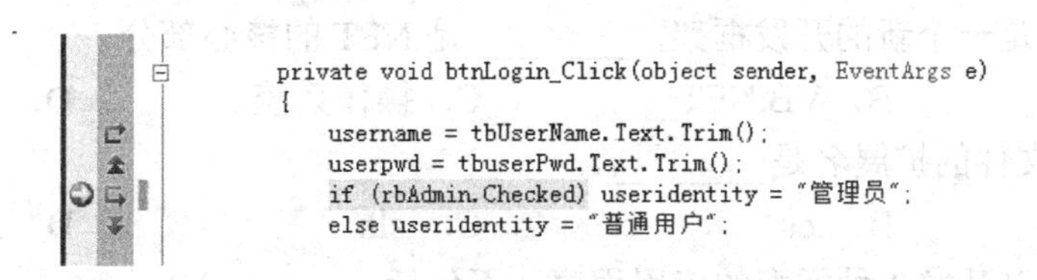

图 1.20　调用堆栈（1）

图 1.21　调用堆栈（2）

1.5 本章小结

本章主要介绍了.NET 相关技术、Visual Studio.NET 2010 中 C#的集成开发环境、操作使用技巧、开发调试技巧，并以示例方式在实训中讲解了如何创建 C#的三种常用应用程序。

1．填空题

（1）C#语言源代码文件的扩展名是________。

（2）当进入 VS 集成环境时，如果没有显示“工具箱”窗口，应选择________菜单中的“工具箱”选项，以显示“工具箱”窗口。

（3）在 Visual Studio.NET 窗口，__________窗口显示了当前 Visual Studio 解决方案的树状结构。

（4）.NET Framework 主要包括____________和___________。

2．选择题

（1）公共语言运行库是指________。

A．CRL　　B．CLR　　C．CRR　　D．CLS

（2）.NET 平台是一个新的开发框架，________是.NET 的核心部分。

A．C#　　B．VB.NET　　C．操作系统　　D．.NET Framework

（3）解决方案文件的扩展名是________。

A．.csproj　　B．.cs　　C．.sln　　D．.suo

（4）利用 C#可以开发 3 种类型的应用程序，不包括________。

A．SQL 程序　　B．控制台程序　　C．Windows 程序　　D．Web 程序

（5）.NET 框架是.NET 战略的基础，是一种新的便捷的开发平台，它具有两个主要的组件，分别是________和 Framework 类库。

A．公共语言运行库　　B．Web 服务　　C．命名空间　　D．Main()函数

（6）运行 C#程序可以通过________键实现。

A．Alt+F5　　B．Ctrl+F5　　C．Alt+ Ctrl+F5　　D．F5

3．判断题

（1）.Net 包含两个部分，即公共语言运行库和框架类库。

（2）.NET Framework 运行环境除了支持 VB.net 和 C#两种编程语言，还支持 Perl、C++.NET、J#、Jscript.NET、ActionScript。

（3）Windows 应用程序和 Web 应用程序都是通过事件触发的。

（4）C#源代码的扩展名为.cs。

（5）DotNet包含两部分，即公共语言运行库和框架类库。

4．简答题

（1）一个完整的C#控制台程序包括哪些必要的组成部分？
（2）简述创建Windows窗体应用程序的步骤。

5．上机实操题

（1）创建一个Windows窗体应用程序，在窗体上输出字符串“C#.NET程序设计”。
（2）创建一个Web应用程序，在窗体上输出字符串“C#.NET程序设计”。
（3）创建一个控制台应用程序，输出字符串“C#.NET程序设计”。

第 2 章

C#.NET 语法基础

在编写 C#程序时，不同类型的数据必须遵循“先定义，后使用”的原则；运算符用于指明计算机执行某些数学、关系和逻辑运算，将运算符与各种常量、变量、函数等组合起来，可构成数学、关系或逻辑表达式；语句表示实现数据操作的过程，决定数据运算的结果。C#支持丰富的数据类型、运算符及语句。

2.1　C#程序的组成要素

1. 标识符

在一个程序中会用到变量、常量、窗体、控件、方法等多种对象，为加以区分必须给每个对象一个具体名称，这个名称被称为标识符。

在 C#中标识符的命名必须符合以下规则：

（1）标识符只能由字母、数字、下划线组成，而且第一个字符必须是字母或下划线，不能包含空格、标点符号、运算符等其他符号。

（2）标识符不能与关键字同名，但可以使用@前缀加关键字的形式来命名。

（3）标识符区分大小写。

以下是合法的标识符：

myVar、A1、a1、func_1、_func1、student、PI。

以下是非法标识符：

-func1、1A、x'1、#book、H␣llo，x>y。

标识符应便于记忆，能表达实际意义，提高程序的可读性和可记忆性，如表达年龄的标识符使用 age 要比用 x 更容易理解。

C#的标识符没有长度限制，但不推荐使用很长很难理解的标识符。

2. 关键字

关键字，又称保留字，是指已经被系统赋予了一定特殊含义的标识符，不能重新定义。

用户自定义的标识符不能与关键字同名，如果一定要用，应使用“@”字符作为前缀，例如，@class 标识符可以避免与关键字 class 的冲突。

C#中的关键字见表 2.1。

表 2.1　关键字

abstract	class	event	if	new	readonly	struct	unsafe
as	const	explicit	implicit	null	ref	switch	ushort
base	continue	extern	in	object	return	this	using
bool	decimal	false	int	operator	sbyte	throw	virtual
break	default	finally	interface	out	sealed	true	void
byte	delegate	fixed	internal	override	short	try	while
case	do	float	is	params	sizeof	typeof	
catch	double	for	lock	private	stackalloc	uint	
char	else	foreach	long	protected	static	ulong	
checked	enum	goto	namespace	public	string	unchecked	

3. 语句

语句是应用程序中执行操作的一条命令。

C#源程序代码由一系列语句组成，每条语句以分号“;”结束。可以将一条语句书写在多行上，也可以在一行中书写多条语句。

C#的语句包含在一对花括号“{”和“}”中，称为一个语句块，一个语句块中可以包含任意多条语句，也可以不包含语句。

花括号“{”和“}”必须成对出现，都不加分号且最好单独一行，“}”自动与之身之前的且最临近的“{”进行配对。

花括号“{”和“}”可以嵌套，以表示应用程序中的不同层次，建议不同层次间采用缩进形式。

4. 命名空间

命名空间分为系统命名空间和用户自定义命名空间。系统命名空间用来组织庞大的系统类资源，让开发者使用起来层次分明、结构清晰。自定义命名空间用以解决应用程序中有可能出现的名称冲突问题。

自定义命名空间的语法格式如下：

```
namespace  SpaceName
{
…
}
```

其中，namespace 是声明命名空间的关键字，SpaceName 是命名空间的名称，花括号“{”和“}”间的内容都属于 SpaceName 命名空间的范围，可以包含类、结构、枚举、委托和接口等在程序中可使用的类型。

在命名空间中可以包含其他命名空间，从而构成树状层次结构，即嵌套命名空间，例如：

```
namespace ProA
{  namespace ProB
   {   namespace ProC
       {   class Example
           {
               …
           }
       }
   }
}
```

每个类名的全称都由它所在命名空间名与类名组成，这些名称用“.”隔开，从最外层的命名空间开始，所以 Example 类的全名是 ProA. ProB. ProC. Example。

出现多层命名空间嵌套时，输入很烦琐。用 using 指令在文件的顶部列出类所在的命名空间，在文件的其他地方即可使用其类型名称来引用命名空间中的类型。例如：

```
using ProA. ProB;
```

5．类和类的成员

类是对一系列具有相同性质的对象的抽象，是对对象共同特征的描述。一个 C#应用程序至少包含一个自定义类，自定义类用关键字 class 声明，例如，class Example 中 Example 是类名。类的成员包括属性、方法和事件等。

应用程序必须包含 Main( )方法，Main( )方法是应用程序的入口。程序运行时，从 Main( )方法的第一条语句开始执行，直到最后一条语句结束执行。

C#应用程序中的方法一般包含方法头和方法体。

方法头主要包括返回值类型、方法名、形式参数（形参）类型及名称，多个形参之间用“,”分隔。

方法体使用一对花括号“{”和“}”括起来，通常包括声明部分和执行部分，声明部分用于定义变量，执行部分可以包含赋值运算、算法运算、方法调用等语句或语句块。

例如，求两个整数中最大值的自定义方法 MaxNum，其代码如下：

```
private int MaxNum(int a,int b)
{  if (a>b) return a;
   else return b;
}
```

2.2 数据类型

C#中每一个变量都要求定义为一个特定的类型，存储在变量中的值只能是这种类型的值，不同的数据类型所占用的存储空间不相同，所能进行的操作也不相同，否则就会出错。

C#的类型分为值类型和引用类型。值类型用于存储数据的值，引用类型用于存储对实际数据的引用。值类型在堆栈上分配，引用类型在托管堆上分配，通常代表类实例。所有值类型和引用类型都由一个名为 object 的基类发展而来。C#的数据类型如图 2.1 所示。

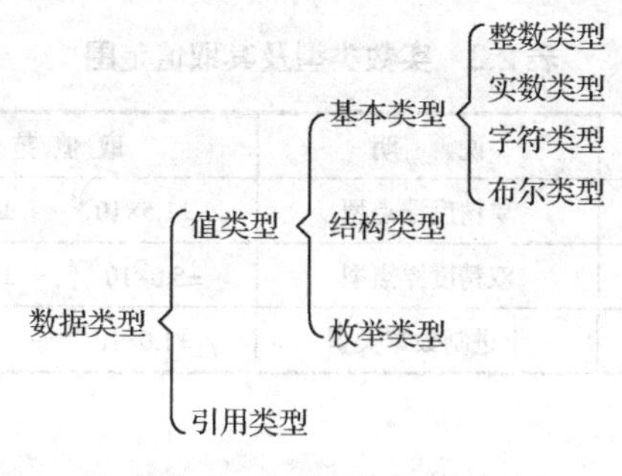

图 2.1　C#的数据类型

2.2.1 值类型

值类型包括基本类型、结构类型、枚举类型。基本类型包括整数类型、实数类型、字符类型、布尔类型。

1. 基本类型

1）整数类型

C#中有 8 种整数类型，它们在内存中占用的内存位数各不相同，分别是字节型（sbyte）、无符号字节型（byte）、短整型（short）、无符号短整型（ushort）、整型（int）、无符号整型（uint）、长整型（long）、无符号长整型（ulong），见表 2.2。

表 2.2　整数类型及其取值范围

数 据 类 型	.NET Framework 类型	说　明	取 值 范 围
sbyte	System.sbyte	有符号 8 位整数	−128～127
byte	System.byte	无符号 8 位整数	0～255
short	System.int16	有符号 16 位整数	−32 768～32 767
ushort	System.uint16	无符号 16 位整数	0～65 535
int	System.int32	有符号 32 位整数	−2 147 483 648～2 147 483 647
uint	System.uint32	无符号 32 位整数	0～4 294 967 295
long	System.int64	有符号 64 位整数	−9 223 372 036 854 775 808～9 223 372 036 854 775 807
ulong	System.uint64	无符号 64 位整数	0～18 446 744 073 709 551 615

2）实数类型

C#使用两种数据类型来表示小数，即单精度浮点型（float）和双精度浮点数（double），两者的主要差异取决于取值范围和精度。此外，为了方便处理金融、财务和货币方面的运算，C#专门有一种十进制类型（decimal）用于处理货币数据。这三种数据类型见表 2.3。

表 2.3　实数类型及其取值范围

数据类型	.NET Framework类型	说　明	取值范围	精　度
float	System.Single	单精度浮点型	$\pm1.5\times10^{-45}$ ～ $\pm3.4\times10^{38}$	7位
double	System.Double	双精度浮点型	$\pm5.0\times10^{-324}$ ～ $\pm3.4\times10^{308}$	15或16位
decimal	System.Decimal	十进制数据类型	$\pm1.0\times10^{-28}$ ～ $\pm7.9\times10^{28}$	28或29位有效位

3）字符类型

C#提供的字符类型（char）用于表示一个Unicode字符，一个Unicode字符的长度为16位（bit），可以表示世界上绝大多数的字符。例如：

```
char  ch='中';
```

如果要用整数来表示字符，必须使用显示的类型转换。

```
char ch=(char)97;
```

以反斜杠“\”开头，后面跟字符的字符序列，称为转义字符，用以在程序中指代特殊的控制字符，C#中常用的转义字符见表2.4。

表 2.4　转义字符及其含义

转义符	含　义	转义符	含　义
\'	单引号	\f	换页
\"	双引号	\n	换行
\\	反斜杠	\r	回车
\0	空字符	\t	水平制表符
\a	感叹号	\v	垂直制表符
\b	退格		

例如，char ch='\''，表示ch的值是一个单引号。

4）布尔类型

布尔类型（bool）的取值范围只有true和false两种。用户可以直接将一个布尔变量设为true或者false。例如：

```
bool  blLogin=false;
bool  blReadOnly=true;
```

也可以将一个表达式赋值给布尔变量，例如：

```
bool  blPass=(intScore>=60 && intScore<=100);
```

当intScore的值为60～100时，blPass的值为true，否则为false。

2．结构类型

在实际生活中，我们通常需要将不同类型的数据组合成一个整体来处理。例如，学生管理系统中一个学生有学号、姓名、性别、成绩等信息，如果用基本类型分别来存储这些信息，很难把这些数据联系在一起。为此，C#提供了结构类型来解决这一问题，允许用户根据自己的实际需要定义特定的数据类型。

结构类型的定义格式如下：

```
[private][public] struct 结构体类型名
{
    数据类型   字段名;
    [数据类型   字段名;]
}
```

声明结构体类型变量的格式如下：

```
结构体类型名  结构体变量名;
```

结构体成员的访问格式如下：

```
结构体变量名.成员名
```

【例 2-1】 结构类型应用。要求：编写窗体应用程序，显示学生结构类型中的学号、姓名、性别、出生日期等信息，程序运行结果如图 2.2 所示。

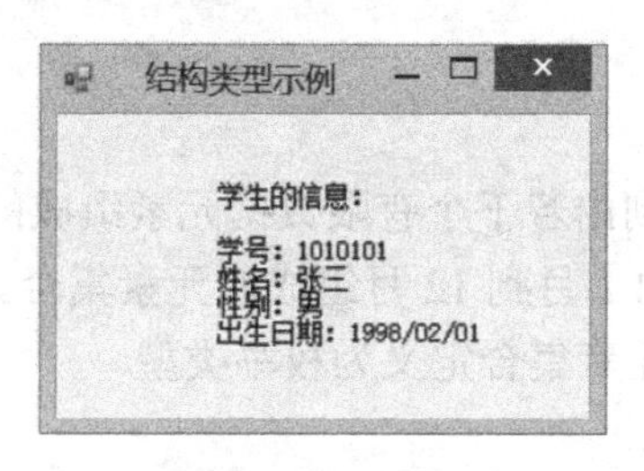

图 2.2　程序运行结果

具体步骤：

（1）设计界面。新建一个 C#的 Windows 应用程序，项目名称设置为 StructStudent，向窗体中添加 1 个标签（Label），并按图 2.2 调整控件位置和窗体尺寸。

（2）设置属性。窗体和控件的属性见表 2.5。

表 2.5　例 2-1 对象的属性设置

对　象	属 性 名	属 性 值
Form1	Text	结构类型示例
label1	Text	label1

（3）编写代码。双击 label1，打开代码视图，在 Click 事件处理程序中添加相应代码：

```
private void label1_Click(object sender, EventArgs e)
{
    Student stu;
    stu.no =1010101;
    stu.name ="张三";
    stu.sex ='男';
    stu.birthday =83;
    label1 .Text =stu.show ();
}
```

注意：须在 Form1 类中定义一个结构类型 Student，具体代码如下：

```
struct Student
{   //声明结构类型的数据成员
    public int no;
    public string name;
    public char sex;
    public string birthday;
    //声明结构类型的方法成员
    public string Answer()
    {
        string result = "当前学生的信息：\n";
        result+="\n 学号："+no;
        result+="\n 姓名："+name;
        result+="\n 性别："+sex;
        result+="\n 出生日期："+birthday;
        return result;
    }
};
```

（4）运行程序，查看结果。

3. 枚举类型

在编写程序时，有时会用到由若干个有限数据元素组成的集合，例如，一周是由周一到周日组成的元素集合，一年是由 1 月到 12 月组成的元素集合。程序中某个变量的取值仅限于集合中的元素，此时这些数据元素集合定义为枚举类型。

枚举类型的定义格式如下：

```
enum 枚举类型名{枚举元素 1，枚举元素 2，…，枚举元素 n}
```

每个枚举元素代表一个整数值，默认依次为 0，1，2，…，n-1。各枚举元素若有赋值，其后未赋值的元素将顺序加 1。

枚举类型变量的声明格式如下：

```
枚举类型名  枚举变量名;
```

枚举成员的访问格式如下：

```
枚举类型名.枚举元素名
```

【例 2-2】 枚举类型应用。要求：编写窗体应用程序，显示枚举类型 weekday 中枚举元素 Friday 的数值，程序运行结果如图 2.3 所示。

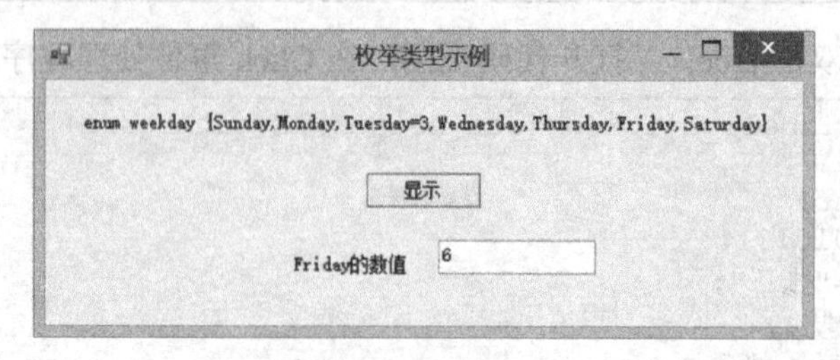

图 2.3　程序运行结果

具体步骤：

（1）设计界面。新建一个 C#的 Windows 应用程序，项目名称设置为 EnumWeekday，向窗体中添加 2 个标签（Label）、1 个文本框（TextBox）、1 个命令按钮（Button），并按图 2.3 所示调整控件位置和窗体尺寸。

（2）设置属性。窗体和控件的属性见表 2.6。

表 2.6　例 2-2 对象的属性设置

对　　象	属 性 名	属 性 值
Form1	Text	枚举类型示例
label1	Text	enum weekday {Sunday,Monday,Tuesday=3,Wednesday,Thursday,Friday,Saturday}
label2	Text	Friday 的数值
button1	Text	显示

（3）编写代码。双击 button1，在 Click 事件处理程序中添加相应代码：

```
private void button1_Click(object sender, EventArgs e)
{
    weekday day;
    int i;
    day = weekday.Friday;
    i = (int)day;
    textBox1.Text = i.ToString ();
}
```

注意：须在 Form1 类中定义一个枚举类型 weekday，具体代码如下：

```
enum weekday { Sunday, Monday, Tuesday = 3, Wednesday, Thursday, Friday, Saturday };
```

（4）运行程序，查看结果。

2.2.2　引用类型

与值类型相对比，引用类型不存储实际数据的值，而是存储对实际数据的引用（地址）。C#中的引用类型有四种：类、数组、委托、接口。

1. 类

类是面向对象程序设计中的最基本单位，包含了数据成员和函数成员，类的数据成员包括常数和字段等，函数成员包括方法、属性、事件、索引指示器、操作符、构造函数和析构函数等。

类的声明格式式如下：

```
[类修饰符] class 类名[: 基类名]
{
    数据成员
    函数成员
}
```

类修饰符包括 public、protected、private、internal、abstract、scaled，其中，public 是允许的最高访问级别，对于 public 成员，访问不受限制；protected 访问仅限于包含类或从该类派生的类型；private 是允许的最低访问级别，只在所在类中可以访问。

【例 2-3】 类应用。要求：编写窗体应用程序，显示学生类中的学号、姓名、性别、出生日期等信息，程序运行结果如图 2.4 所示。

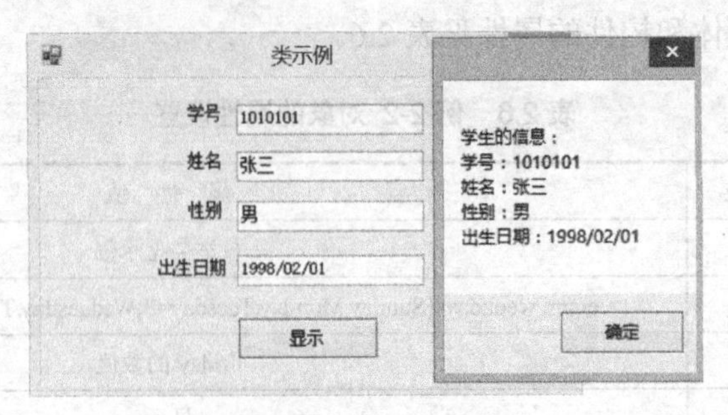

图 2.4 程序运行结果

具体步骤：

（1）设计界面。新建一个 C#的 Windows 应用程序，项目名称设置为 ClassStudent，向窗体中添加 4 个标签（Label）、4 个文本框（TextBox）、1 个命令按钮（Button），并按图 2.4 所示调整控件位置和窗体尺寸。

（2）设置属性。窗体和控件的属性见表 2.7。

表 2.7 例 2-3 对象的属性设置

对 象	属 性 名	属 性 值
Form1	Text	类示例
label1～label4	Text	学号、姓名、性别、出生日期
button1	Text	显示
textBox1～textBox4	Text	

（3）编写代码。双击 button1，在 Click 事件处理程序中添加相应代码：

```
private void button1_Click(object sender, EventArgs e)
{
    string xh, xm, xb, csrq;
    xh=textBox1.Text ;
    xm=textBox2.Text ;
    xb=textBox3.Text ;
    csrq=textBox4.Text ;
    Student  stu=new Student(xh,xm,xb,csrq);
    MessageBox.Show(stu.Show());
}
```

注意：须在 Form1 类中定义一个类 Student，具体代码如下。

```
class Student
{   //声明类的数据成员
    string no;
    string name;
    string sex;
    string birthday;
    //声明类的构造函数
    public Student(string xh, string xm, string xb, string csrq)
    {
```

```
            no = xh;  name = xm;
            sex = xb; birthday = csrq;
        }
        //声明类的析构函数
        ~Student()
        { }
        //声明类的方法成员
        public string Show()
        {
            string result = "当前学生的信息：";
            result+="\n 学号："+no;  result+="\n 姓名："+name;
            result+="\n 性别："+sex; result+="\n 成绩："+ birthday;
            return result;
        }
    }
```

（4）运行程序，查看结果。

类和结构一样都包含了自己的成员，但它们之间最主要的区别在于类是引用类型，而结构是值类型。

类支持继承机制，通过继承，派生类可以扩展类的数据成员和函数成员，进而达到代码重用和设计重用的目的。

2. 数组

数组常用于对批量数据进行处理，它是一组类型相同的有序数据，数组按照数组名、数据元素的类型和维数进行描述。

一维数组，只有一个下标，下标开始于 0，结束于维的长度减 1。

一维数组的定义格式如下：

```
数组类型[ ] 数组名 = new 数组类型[数组长度];
```

其中，数组类型可以是任何 C#中定义的类型，数组类型后面的方括号不可少，数组名要符合变量命名规则，且不与其他变量或对象等重名。

例如，声明一个具有 10 个整型元素的一维数组 num，其代码如下：

```
int[] num = new int[10];
```

两个以上下标称为多维数组，多维数组的定义格式如下：

```
数组类型[逗号列表] 数组名 = new 数组类型[数组长度列表];
```

“逗号列表”和“数组长度列表”表示的列数要求一致。

例如，声明一个具有 3×5×4 整型三维数组 num，其代码如下：

```
int[,,] numbers=new int [3,5,4];
```

C#中也允许在定义数组时对数组元素进行初始化，数组初始化的格式如下：

```
数组类型[ ] 数组名 = new 数组类型[数组长度]{数组元素初始化列表};
```

例如，定义 string 数组，数组元素分别是“China”、“Japan”、“Korea”，其初始化代码如下：

```
string[ ] Countriess=new string[3]{ "China", "Japan ", "Korea" };
```

数组采用了这种进行初始化的定义后，可以不再指出数组的大小，系统会自动把大括号里元素的个数作为数组的长度。

每一个数组元素就相当于一个变量，可以在程序中对数组元素进行输入、输出和赋值等操作。使用和访问数组元素的一般格式如下：

```
数组名[索引]
```

在 C#中，通过指定索引方式访问特定的数组元素，即通过数组元素的索引去存取某个数组元素。例如：

```
int i= A[0];          // 将数组元素 A[0]的值赋给变量 i
A[2] = i*10;          // 将表达式 i*10 的值赋给数组元素 A[2]
```

C#的数组类型是从抽象基类型 System.Array 派生的引用类型，System.Array 类提供的 Length 属性可以用来获得数组的长度；System.Array 类提供的 Clear、Copy、Find、Sort 等方法可用于清空数组元素值、复制数组元素、查询数组元素和排序数组元素等操作。

【例 2-4】 数组应用。编写窗体应用程序，输入一组整数，显示排序后的结果，程序运行结果如图 2.5 所示。

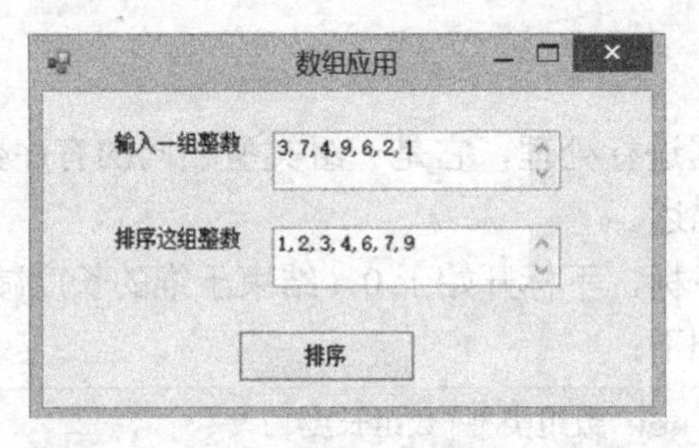

图 2.5　程序运行结果

具体步骤：

（1）设计界面。新建一个 C#的 Windows 应用程序，项目名称设置为 ArrayApp，向窗体中添加 2 个标签（Label）、2 个文本框（TextBox）、1 个命令按钮（Button），并按图 2.5 调整控件位置和窗体尺寸。

（2）设置属性。窗体和控件的属性见表 2.8。

表 2.8　例 2-4 对象的属性设置

对　象	属 性 名	属 性 值
Form1	Text	数组应用
label1	Text	输入一组整数
label2	Text	排序这组整数
button1	Text	排序
textBox1、textBox2	Text	

（3）编写代码。双击 button1，在 Click 事件处理程序中添加相应代码：

```
private void button1_Click(object sender, EventArgs e)
{
    string str = textBox1.Text.Trim();
    string[] a = str.Split(new Char[] { ' ', ',', '.', ':' });
    int len=a.Length,i=0 ;
    int[] b = new int[len];
    for(i=0;i<len;i++)  b[i]=Convert.ToInt16 (a[i]);
    Array.Sort (b);
    str = "";
    for(i=0;i<len-1;i++) str+=b[i].ToString()+',';
    str += b[i].ToString();
    textBox2.Text = str;
}
```

（4）运行程序，查看结果。

3. 委托

委托（Delegate）相当于 C++中指向函数的指针，与 C++的指针不同，委托完全是面向对象的，它把一个对象实例和方法都进行封装，委托是安全的。

委托的定义格式如下：

```
delegate 返回值类型 委托名称(方法参数列表)
```

例如：

```
delegate void MyDelegate();    //声明委托
```

其中，MyDelegate 是委托的名称，void 表示该委托所指向的方法无返回结果，圆括号中没有方法参数列表，表示该委托指向的方法不需要参数。

【例 2-5】委托应用。编写 Windows 窗体应用程序，定义一个 HelloChina 类，包含 HelloA 和 HelloB 两个方法，在 Form1 类中声明一个 MyDelegate()委托，在 Form1_Load()方法中使用该委托调用 HelloChina 类中的方法，将调用后的结果显示在文本框中。程序运行结果如图 2.6 所示。

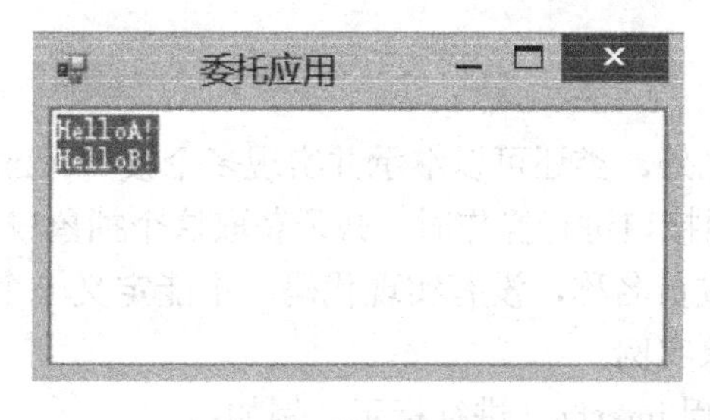

图 2.6　程序运行结果

具体步骤：

（1）设计界面。新建一个 C#的 Windows 应用程序，项目名称设置为 DelegateApp，向窗体中添加 1 个文本框（TextBox），并按图 2.6 调整控件位置和窗体尺寸。

（2）设置属性。窗体和控件的属性见表 2.9。

表 2.9　例 2-5 对象的属性设置

对　象	属 性 名	属 性 值
Form1	Text	委托应用
textBox1	Duck	Fill
	Multiline	True

（3）编写代码。

```
class HelloChina
{
    public string HelloA()
    {
      return "HelloA!";
    }
    public string HelloB()
    {
      return "HelloB!";
    }
}
delegate string MyDelegate();
private void Form1_Load(object sender, EventArgs e)
{
    HelloChina hello = new HelloChina();
    string str = "";
    MyDelegate my = new MyDelegate(hello.HelloA);
    str += my().ToString ()+"\r\n";
    my = new MyDelegate(hello.HelloB);
    str += my().ToString() + "\r\n";
    textBox1.Text=str;
}
```

（4）运行程序，查看结果。

4．接口

除了可以继承其他类之外，类还可以继承并实现多个接口（Interface）。C#中接口只是声明了一个抽象成员，类应用接口进行操作时，必须获取这个抽象成员。接口中可以包含方法、属性等成员，但接口只有成员名称，没有实现代码。不能定义一个接口的变量，只能定义一个派生自该接口的类的对象实例。

在 C#中，接口类型使用 interface 进行标示。例如：

```
interface IStud         //声明接口
{
   string Ask();
}
```

IStud 是接口名，Ask 是接口 IStud 声明的方法，这方法中没有任何语句。

2.3 常量与变量

2.3.1 常量

常量是在程序运行过程中其值始终保持不变的量。常量通常可以分为直接常量和符号常量。从数据类型角度来看，常量的类型可以是任何一种值类型或引用类型。

直接常量是指把程序中不变的量直接以数值或字符串值的形式表现出来。

如 10、150.2、'A'、"Hello"、true 都是直接常量，分别是整型常量、浮点常量、字符常量、字符串常量、布尔常量。

符号常量是经过声明的常量，包括常量的名称和常量的值。

符号常量声明的语法格式如下：

```
[访问修饰符] const 数据类型 常量名 1=初始值[,常量名 2=初始值,…,常量名 n=初始值];
```

例如：

```
const double PI = 3.1415;
```

可以同时声明多个同类型的常量，例如：

```
const int intX = 10, intY = 20, intZ = 30;
```

注意，常量名必须符合标识符的命名规范。符号常量必须在声明时赋初始值，一旦初始化，就不能修改了，否则会出现编译错误。

2.3.2 变量

变量是在程序运行过程中其值可以改变的量，它是一个已命名的存储单元，通常用来记录运算中间结果或保存数据。每个变量都具有一个数据类型，它确定哪些值可以存储在该变量中，可以通过赋值或运算等操作来改变变量的值。

变量必须先定义，之后才可以使用。变量可以在定义时赋值，也可以在定义之后通过赋值语句赋值。在一个程序中每个变量只能定义一次，但可以进行多次赋值，变量的当前值等于最后一次给该变量所赋的值。

变量声明的语法格式如下：

```
[访问修饰符] 数据类型 变量名 1[=初始值] [,变量名 2[=初始值],…,变量名 n [=初始值]];
```

例如：

```
int x;                               //变量定义
int y = 101;                         //变量定义的同时赋初值
double d1 = 1.5, d2 = 2.0, d3;       //同时定义多个变量并对部分变量进行了赋初值
y = 110;                             //变量 y 重新赋值为 110
```

注意，变量的命名也必须符合标识符命名规范。

在C#中，把变量分为七种类型，分别是静态变量、非静态变量、数组元素、值参数、引用参数、输出参数和局部变量。例如：

```
class varClass
{
   public static int a;              //a 是静态变量
   int b;                            //b 是非静态变量
   void  F1(int[] Arr, int x, ref int y, out int z)
   // Arr[0]是数组元素，x 是值参数，y 是引用参数，z 是输出参数
   {
      int i = 1;                     //i 是局部变量
      z = i+x+y;
   }
}
```

静态变量：带有static修饰符声明的变量称为静态变量。一旦静态变量所属的类被装载，直到包含该类的程序运行结束，它将一直存在。静态变量的初始值就是该变量类型的默认值，为了便于赋值检查，静态变量最好在定义时赋值。例如，static int a = 100;。

非静态变量：将不带有static修饰符声明的变量称为非静态变量或实例变量，如int a;。针对类中的非静态变量而言，从这个变量的实例被创建开始，到该实例不再被应用从而所在空间被释放为止，该非静态变量将一直存在。

数组元素：数组元素是变量的一种，该变量随着该数组实例的存在而存在。每个数组元素的初始值是该数组元素类型的默认值。

值参数：利用值参数向方法传递参数时，编译程序会给实参的值做一份副本，将此副本传递给该方法中的形参（形式参数），内存中实参（实际参数）的值不会被修改，所以使用值传递可以保证实参值是安全的。在调用方法时，如果形参的类型是值参数，则实参的表达式必须是正确。

引用参数：一个带有ref修饰符声明的参数，被称为引用参数。和值参数不同的是，引用参数并不开辟新的内存区域。利用引用参数向方法传递参数时，编译程序把实参的值在内存中的地址传递给方法中的形参，当形参的值发生变化时，修改的就是实参的值。

输出参数：一个带有 out 修饰符声明的参数，被称为输出参数。输出参数也不开辟新的内存区域，它只能用于传递方法返回的数据，而不能向方法传递参数。

局部变量：局部变量是指在一个独立的程序段中声明的变量，它只在该范围内有效。当程序运行这一程序段时，该变量开始生效；程序离开时，该变量失效。局部变量不会自动被初始化，所以也就没有默认值。

【例 2-6】 变量应用。要求：编写控制台应用程序，定义整型变量 x、y，输入长方形的长和宽并分别放入 x、y；定义长整型变量 c、s，计算长方形的周长和面积并分别存放在 c 和 s 中；输出显示长方形的周长和面积。程序运行结果如图 2.7 所示。

具体步骤：

(1) 创建“控制台应用程序”，输入项目名称 VarApp，选择项目文件存放位置，单击“确定”按钮，进入编程界面。

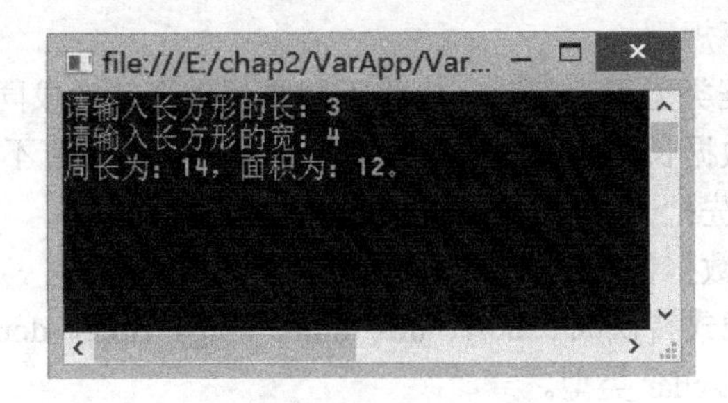

图 2.7　程序运行结果

（2）编写代码。其代码如下：

```
static void Main(string[] args)
{
    int x, y;                          //定义整型变量 x、y
    long c, s;                         //定义长整型变量 c、s
    Console.Write("请输入长方形的长：");
    x = int.Parse(Console.ReadLine());
    Console.Write("请输入长方形的宽：");
    y = int.Parse(Console.ReadLine());
    c = 2 * (x + y);
    s = x * y;
    Console.WriteLine("周长为：{0}，面积为：{1}。", c, s);
    Console.ReadLine();
}
```

（3）运行程序。

（4）Console.Write()用于输出数据，不换行；Console.WriteLine()用于输出数据，换行。

（5）Console.Read()用于输入一个字符；Console.ReadLine()用于输入一段字符。

2.3.3　类型转换

在处理数据的过程中，经常需要将一种数据类型转变成另一种数据类型，这就是类型转换，数据类型的转换方式分为隐式转换和显式转换。

1. 隐式转换

隐式类型，简称隐式转换，转换，一般发生在数据进行混合运算的情况下，由编译系统自动进行，不需要加以声明。在此过程中，编译器无须对转换进行详细检查就能够安全地执行转换。例如：

```
short  i = 1;
int  s = i;
```

注意：隐式转换无法完成由精度高的数据类型向精度低的类型转换。

例如：

```
int  i = 1;
short  s = i;
```

这样就是错误，如果必须进行转换，就应该使用显式类型转换，即 short s=(short)i;。

隐式转换需遵循如下规则：

（1）参加运算的数据类型不一致时，先将不同类型数据转换成同一类型数据，再进行计算。进行转换时，按照数据长度增加的方向进行，以确保数据精度不降低。例如，short 型数据与 int 型进行运算，则先把 short 型数据转换成 int 型再计算。

（2）byte 和 short 型数据参与运算时转换成 int 型数据。

（3）char 类型可以隐式转换成 ushort、int、uint、long、float、double 或 decimal 类型，但其他类型不能隐式转换成 char 类型。

（4）所有浮点型数据都是以双精度型进行的，例如，表达式 5.2*4.6f*1.93d 的 3 项先全部转换成双精型再进行运算。

2．显式转换

显式类型转换，简称显式转换，又称强制类型转换，用户必须明确地指定转换的目标类型，显式类型转换的一般格式为（类型说明符）（需要转换的表达式）。例如：

```
short s = 1;
int i = (int)s;    //将 s 的值显式转化为 int 类型，并赋值于 int 类型变量 i
```

显式转换包含所有的隐式转换，任何隐式转换写成显式转换都是合法的。隐式转换一般会成功且不会造成数据丢失，但显式转换不一定成功且有可能会造成数据丢失。

显式转换时，若要转换的数据不是单个变量，则需要加圆括号。例如：

```
float a = 3.5f;
int i = (int)(a+5.1) ;
```

在转换过程中，只是为本次运算的需要对变量的长度进行临时性转换，而不是改变变量定义的类型，如把上述表达式 a+5.1 的结果转换为 int 型，但 a 的类型仍为 float，值是 3.5。

3．使用方法进行数据类型的转换

1）*Convert 类的方法*

Convert 类提供了 ToBoolean、ToByte、ToChar、ToInt32、ToString 等方法将数字字符串转化为相应的数值。例如：

```
string s = "97";
int n = Convert.ToInt32(s);          // n = 97
```

Convert 类提供用 ToInt32 方法将指定的内容转换为整数类型。

```
int n =97
char c= Convert.Tochar(n);          //ASCII 码为 97 的字符是 a，即 c= 'a'
```

Convert 类提供用 ToChar 方法将整型的 ASCII 码值转换为对应字符。

```
int n =97
string s= Convert.ToString(n);     //即 s="97"
```

Convert 类提供用 ToString 方法将其他数据类型转换为字符串。

2）*ToString 方法*

ToString 方法可将其他数据类型的变量值转换为字符串类型，其使用格式为

```
变量名称.ToString( )
```

其中，“变量名称”也可以是某个方法的调用。例如：

```
int n = 98;   string s = n.ToString( );         // s = "98"
string t = Convert.ToChar(n).ToString();        // t = "b"
```

3）Parse 方法

Parse 方法可以将特定格式的字符串转换为数值，其使用格式为

```
数值类型名称.Parse(字符串型表达式)
```

例如：

```
int a = int.Parse("100");      //成功,字符串符合整型格式
int b = int.Parse("100.0");    //出错,字符串不符合整型格式
```

【例 2-7】 类型转换应用。要求：编写窗体应用程序，输入长方形的长和宽，计算并显示长方形的周长和面积。程序运行结果如图 2.8 所示。

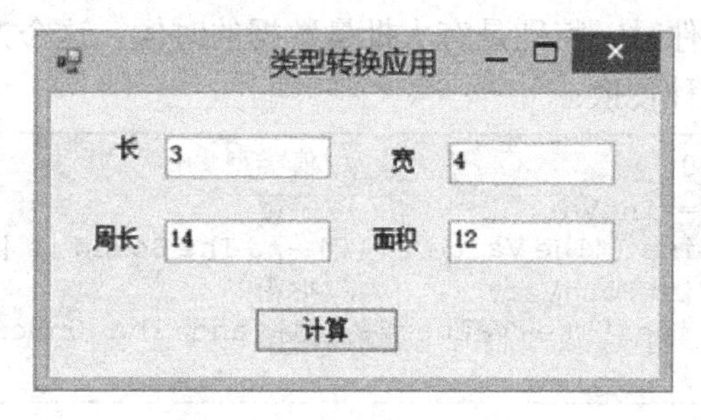

图 2.8　程序运行结果

具体步骤：

（1）设计界面。新建一个 C#的 Windows 应用程序，项目名称设置为 TypeConvertApp，向窗体中添加 4 个标签（Label）、4 个文本框（TextBox）、1 个命令按钮（Button），并按图 2.8 调整控件位置和窗体尺寸。

（2）设置属性。窗体和控件的属性见表 2.10。

表 2.10　例 2-7 对象的属性设置

对　象	属 性 名	属 性 值
Form1	Text	类应用
label1～label4	Text	长、宽、周长、面积
button1	Text	计算
textBox1～textBox4	Text	

（3）编写代码。双击 button1，在 Click 事件处理程序中添加相应代码，如下所示：

```
private void button1_Click(object sender, EventArgs e)
{
    int x, y;                    //定义整型变量 x、y
    long c, s;                   //定义长整型变量 c、s
    x = int.Parse(textBox1.Text);
    y = int.Parse(textBox2.Text);
```

```
        c = 2 * (x + y);
        s = x * y;
        textBox3.Text = c.ToString();
        textBox4.Text = s.ToString();
    }
```

（4）运行程序，查看结果。

2.3.4 装箱和拆箱

在 C#中，把值类型转换为对象的操作称为装箱，把对象转换为与之类型兼容的值类型的操作称为拆箱。利用装箱和拆箱功能，可允许值类型的任何值与 Object 类型的值相互转换，将值类型与引用类型连接起来。

装箱与拆箱的过程中，堆和栈的转换直接影响性能。而且使用装拆箱是 C#面向对象的精髓。处理大型的程序和软件时，特别是有大批量数据的时候，这个方法很有必要。

下面的代码演示了这种转换：

```
1  int intVar = 10;                    //值类型
2  object objVar = intVar;             //装箱
3  Console.WriteLine ("The Value is {0} and The Boxed is {1}", intVar, objVar);
4  int intObj = (int)objVar;           //拆箱
5  Console.WriteLine("The Value is {0} and The UnBoxed is {1}", intVar,
intObj);
```

第 2 行其实做了三项工作：第一步取出 intVar 的值；第二步将值类型转换成引用类型；第三步传值给 objVar。第 4 行完成了四个工作：第一步将一个值压入堆栈；第二步将引用类型转换为值类型；第三步间接将值压入堆栈；第四步传值给 intObj。

2.4 运算符与表达式

运算符指明了进行运算的类型，如加、减、乘、除等算术运算类型。使用运算符将常量、变量、函数连接起来的式子称为表达式。

C#提供了丰富的运算符，主要包括算术运算符、关系运算符、逻辑运算符、位运算符、赋值运算符、条件运算符和其他运算符等。

依据操作数的个数不同，运算符可分为单目运算符、双目运算符、三目运算符。

（1）单目运算符：只作用于一个操作数的运算符，又可分为前缀运算符和后缀运算符，使用时分别放置于操作数的前面和后面，如 x++即为后缀运算符。

（2）双目运算符：作用于两个操作数的运算符，使用时放于两个操作数之间，如 x+y。

（3）三目运算符：作用于三个操作数的运算符。C#中仅有一个三目运算符，即条件运算符“?:”，使用时依次放置于三个操作数之间。

2.4.1 算术运算符

算术运算符包括+（加）、-（减）、*（乘）、/（除）、%（取模）、++（自增 1）、--（自减

1）运算等。其操作数必须是数字类型，如整型、实型、字符型等。

算术运算符在实际使用过程中需注意以下事项：

（1）“/”（除法）：运算中，两个操作数均为整数，返回结果为整数，否则返回结果为小数。

（2）“%”（取模）：运算中，两个操作数可以为浮点数或整型数据。例如，8%3 结果为 2，35.3%10 结果为 5.3。

（3）“++”、“--”运算符：都是单目运算符，其作用是以一种紧凑格式使变量的值自动增 1 或减 1。运算符后置用法，代表先使用变量，然后对变量增 1 或减 1；运算符前置用法，代表先对变量增 1 或减 1，再使用变量。例如：

```
int x=3,y;           //x 初值为 3
y=x++;               //x 的值为 4，y 的值为 3
y=++x;               //x 的值为 5，y 的值为 5（接上条语句执行）
```

2.4.2 关系运算符

关系运算符包括>（大于）、>=（大于等于）、<（小于）、<=（小于等于）、==（等于）、!=（不等于），运行结果为布尔类型的 true 或 false 值。例如：

```
30>=20 的结果为true，30<20 的结果为false
```

注意“=”与“==”的区别，前者是赋值的意思，后者是判断两个操作数是否相等。

2.4.3 逻辑运算符

逻辑运算符有&&（逻辑与）、||（逻辑或）、!（逻辑非）。操作数和操作结果都是布尔类型的值。逻辑非代表取反，是单目运算符，如果当前操作数为真，则取反后为假；反之亦然。

在逻辑与的运算中，如果第一个操作数为假，则不管第二个操作数为何值，结果都为假；只有当两个操作数都为真时，结果才为真。在逻辑或的运算中，如果第一个操作数为真，则不管第二个操作数为何值，结果都为真；只有当两个操作数都为假时，结果才为假。

2.4.4 位运算符

位运算符是对其操作数按其二进制形式逐位进行运算，参与位运算的操作数必须为整型或者可以转换为整型的任何其他类型。

位运算符包括&（按位与）、|（按位或）、~（按位取反）、^（按位异或）、<<（左移）、>>（右移）。运算规则见表 2.11。

表 2.11 位运算

A	B	A&B	A|B	A^B	~A
0	0	0	0	0	1
1	0	0	1	1	0
0	1	0	1	1	1
1	1	1	1	0	0

左移操作时，左侧数据移出，右侧数据以 0 补充，如 3<<1 的值为 6；右移操作时，右侧数据移出，左侧数据以 0 补充，如 3>>1 的值为 1。

2.4.5 赋值运算符

赋值运算符包括一般赋值运算符（=）和复合赋值运算符（+=、-=、*=、/=、%=）等。例如：

```
x = 3;          //一般赋值
x += 3;         //复合赋值，等价于 x = x+3;
```

如果赋值运算发生在不同的数据类型之间，当它们是兼容的数据类型时，则右边的值自动转换成左边的变量类型。

2.4.6 条件运算符

条件运算符“?:”是一个三目运算符。其一般的表达式格式为

```
<表达式 1>? <表达式 2>: <表达式 3>
```

其含义为如果<表达式 1>的值为 true ，则整个表达式的结果为<表达式 2>的值，否则为<表达式 3>的值。例如：

```
int a = 3,x;
x = a>0 ? a : -a;  //将 a 的绝对值赋给 x
```

2.4.7 其他运算符

new 运算符用于创建一个新的类型实例。

例如：

```
class A{};
A a = new A( );
```

is 运算符是获取类型信息的运算符，其运算结果是布尔值。

is 表达式的一般格式为

```
变量（表达式） is  数据类型
```

as 运算符也用来进行相关数据类型的判断。

as 表达式的一般格式为

```
表达式 1 = 表达式 2  as  数据类型
```

typeof 运算符可以获得指定类型的 System.Type 对象。

typeof 表达式的一般格式为

```
typeof（类型）
```

sizeof 运算符用于计算所定义的数值型变量在内在中占多少字节。

sizeof 表达式的一般格式为

```
sizeof（变量类型）
```

checked 和 unchecked 运算符用来控制整数类型算术运算和相互转换的溢出检查。checked 运算符用来强制编译器检查是否有溢出的问题，unchecked 运算符用来强制编译器不检查这方面的问题。其表达式的一般格式为

```
checked（表达式）
unchecked（表达式）
```

在一个表达式中允许包含多个运算符，此时表达式求值的顺序由运算符的优先级决定。按优先级从高到低依次计算，见表 2.12，其中同一行中的运算符优先级相等。

表 2.12　运算符的优先级

类　别	运 算 符	优 先 级
基本运算符	(x)　x.y　f(x)　a[x]　x++　x--　new typeof　sizeof　checked　unchecked	高
单目运算符	+　−　!　~　++x　--x　(T)x	
乘、除运算符	*　/　%	
加、减运算符	+　−	
移位运算符	<<　>>	
关系运算符	<　>　<=　>=　is　as	
等式运算符	==　!=	
按位与运算符	&	
按位异或运算符	^	
按位或运算符	|	
逻辑与运算符	&&	
逻辑或运算符	||	
条件运算符	?:	
赋值运算符	=　*=　/=　%=　+=　-=　<<=　>>=　&=　^=　|=	低

【例 2-8】　表达式应用。要求：编写控制台应用程序，定义字符变量 c；定义整型变量 i；定义双精度浮点型变量 d1，d2；定义字符串变量 strName；根据提示依次输入各变量的值；计算各表达式的值并显示结果。程序运行结果如图 2.9 所示。

图 2.9　程序运行结果

具体步骤：

（1）创建“控制台应用程序”，输入项目名称 ExpressionApp，选择项目文件存放位置，单击“确定”按钮，进入编程界面。

（2）编写代码。其代码如下：

```
static void Main(string[] args)
{
    char c;
    int i;
    double d1, d2;
    string strName;
    Console.Write("请输入你的姓名：");
    strName = Console.ReadLine();
    Console.WriteLine("欢迎你，{0}!", strName);
    Console.WriteLine("请输入你的性别(M代表"男"，F代表"女"：)");
    c = Convert.ToChar(Console.ReadLine());
    Console.WriteLine("请输入一个整数：");
    i = Convert.ToInt32(Console.ReadLine());
    Console.WriteLine("请输入第一个double类型的数：");
    d1 = Convert.ToDouble(Console.ReadLine());
    Console.WriteLine("请输入第二个double类型的数：");
    d2 = Convert.ToDouble(Console.ReadLine());
    Console.WriteLine(" {0} ++ = {1}", c, ++c);
    Console.WriteLine(" {0} -- = {1}", c, --c);
    Console.WriteLine(" {0} ++ = {1}", i, ++i);
    Console.WriteLine(" {0} * {1} = {2}", i, c, i * c);
    Console.WriteLine(" {0} * {1} = {2}", d1, i, d1 * i);
    Console.WriteLine(" {0} + {1} = {2}", d1, d2, d1 + d2);
    Console.WriteLine(" {0} % {1} = {2}", d1, d2, d1 % d2);
    Console.ReadLine();}
}
```

（3）运行程序。

（4）字符值会转换为其对应的 ASCII 值参与算术运算。

2.5 常见技术问题

1. C#支持哪几个预定义的值类型？

【分析】 这个问题较为简单，主要考察对值类型的掌握情况。值类型是一种由类型的实际值表示的数据类型。

【解答】 C#中预定义的值类型有 3 种，分别是基本类型、结构类型、枚举类型。其中，基本类型包括整数类型、实数类型、字符类型、布尔类型。

2. C#支持哪几个预定义的引用类型？

【分析】 这个问题考察对引用类型的掌握情况。引用类型是一种由类型的实际值所在地址表示的数据类型。

【解答】 C#中预定义的引用类型有四种，分别是类、数目、委托、接口。

3．C#语言中，值类型和引用类型有何不同？

【分析】 值类型变量直接把变量的值保存在堆栈中，引用类型变量把变量的值的地址保存在堆栈中，而实际数据则保存在堆中。注意，堆和堆栈是两个不同的概念，在内存中的存储位置也不相同，堆一般用于存储可变长度的数据，如字符串类型；而堆栈则用于存储固定长度的数据，如整型类型的数据 int(每个 int 变量占用四个字节)。

【解答】 值类型和引用类型的区别在于，值类型的变量直接存放实际的数据，而引用类型的变量存放的则是数据的地址，即对象的引用。

4．如何解决装箱和拆箱引发的性能问题？

【分析】 C#中的装箱与拆箱的操作过程随处可见。装箱是将值类型显式或隐式地转换为 object 类型或者转换为由该值类型实现了的接口类型。装箱一个数值会为其分配一个对象实例，并把该数值拷贝到新对象中。拆箱是显式地把 object 类型转换成值类型，或者把值类型实现了的接口类型转换成该值类型。装箱和拆箱过程均需要进行大量的计算，有效地减少装箱和拆箱操作是对性能提高的一个好的途径，.NET 中提供了泛型来解决装箱和拆箱所引起的性能问题。

【解答】 CLR 将值类型的数据“包裹”到一个匿名的托管对象中，并将此托管对象的引用放在 Object 类型的变量中，这个过程称为装箱。拆箱是装箱的逆过程。解决装箱和拆箱引发的性能问题，是在程序中大量使用泛型进行替代。

5．C#中的 checked 和 unchecked 的作用各是什么？

【分析】 在 C#中，checked 和 unchecked 用于控制整型算术运算和转换的溢出检查。

【解答】 checked 用来开启整型算术运算和转换的溢出检查；unchecked 则与 checked 正好相反，用于取消整型算术运算和转换的溢出检查。

6．C#中 is 运算符和 as 运算符有什么作用？

【分析】 在开发过程中常用到 is 运算符和 as 运算符，这两个运算符在 C#中都是非常有用的运算符。

【解答】 is 运算符用于检查是否与给定类型兼容，如果兼容则返回 true，反之则返回 false；as 运算符用于在兼容的引用类型之间执行转换，如果无法进行转换，则返回 null，不是则引发异常。

2.6　本章小结

本章主要讲述了 C#.NET 语法基础，包括 C#程序的组成要素、数据类型、常量与变量、运算符与表达式，以及常见技术问题与分析解答。

1．填空题

（1）布尔型的变量可以赋值为关键字________或________。

（2）设 x=10; 则表达式 x<10?x=0:x++ 的值为________。

（3）数组是一种________类型。

（4）每个枚举成员均具有相关联的常量值，默认时，第一个枚举成员的关联值为________。

（5）在 C#中，进行注释有三种方法：使用“//”、“///”和使用“/*　　*/”符号对，其中________只能进行单行注释。

（6）在 C#中实参与形参有四种传递方式，它们分别是________、________、________和________。

（7）定义方法时使用的参数是________，调用方法时使用的参数是________。

（8）设 x 为 int 型变量，请写出描述“x 是奇数”的 C#语言表达式________。

2．选择题

（1）装箱是把值类型转换为________类型。

A．数组　　B．引用　　C．char　　D．string

（2）下列关于数组访问的描述中，正确的是________。

A．数组元素索引是从 0 开始的

B．对数组元素的所有访问都要进行边界检查

C．如果使用的索引小于 0，或大于数组的大小，则编译器将抛出一个 IndexOutOfRangeException 异常

D．数组元素的访问从 1 开始，到 Length 结束

（3）下列标识符命名正确的是________。

A．X.25　　B．4foots　　C．val(7)　　D．_Years

（4）下列类型中，不属于引用类型的是________。

A．String　　B．int　　C．Class　　D．Delegate

（5）C#中导入某一命名空间的关键字是________。

A．using　　B．use　　C．import　　D．include

（6）在类的定义中，类的________描述了该类的对象的行为特征。

A．类名　　B．所属的命名空间　　C．方法　　D．私有域

（7）下列________能正确地创建数组。

A．int[,] array=int[4,5];

C．string[] str=new string[];

B．int size=int.Parse(Console.ReadLine());

D．int pins[] = new int[2];

int[] pins=new int [size];

（8）如果左操作数大于右操作数，则________运算符返回 false。

A．=　　B．<　　C．<=　　D．以上都是

3．判断题

（1）结构和类均为引用类型。

（2）有定义：

```
int [ ] a=new int[5]{1,3,5,7,9};
```

则 a[3]的值为 7。

（3）类是对象的抽象，对象是类的实例。

（4）在数据类型转化时，只能通过类型转换关键字或 Convert 类实现。

（5）C#程序的执行是从第一个方法开始，到 Main()方法结束。

（6）不同的命名空间中不能有同名的方法。

4．简答题

（1）C#中有哪些主要的数据类型？它们之间是怎样进行相互转换的？

（2）类和对象的区别和关系是什么？

（3）简述类和结构的区别。

5．程序运行题

（1）写出下面程序的运行结果。

```
class Program
{
    static void Main(string[] args)
    {
        Point p1 = new Point();
        Point p2 = new Point(3, 4);
        Console.WriteLine("p1.x={0},p1.y={1}", p1.x, p1.y);
        Console.WriteLine("p2.x={0:f},p2.y={1}", p2.x, p2.y);
        Console.ReadLine();
    }
}
class Point
{
    public double x = 0, y = 0;
    public  Point()
    {
        x = 1; y = 1;
     }
     public Point(double a, double b)
     {
        x = a; y = b;
     }
}
```

（2）写出下面程序的运行结果。

```
static void Main(string[] args)
{
    int x = 9;
    Console.WriteLine((x--) + (x--) + (x--));
    Console.WriteLine(x);
    int y = (--x) + (--x) + (--x);
    Console.WriteLine(y);
    Console.WriteLine(x);
    Console.ReadLine();

}
```

（3）写出下面程序的运行结果。

```
class Program
{
    static void Main(string[] args)
    {
        Class1 c1 = new Class1();
        Class1.y = 5;
        c1.output();
        Class1 c2 = new Class1();
        c2.output();
        Console.ReadLine();
    }
}
public class Class1
{
    private static int x = 0;
    public static int y = x;
    public int z = y;
    public void output()
    {
        Console.Write (Class1.x);
        Console.Write (Class1.y);
        Console.Write (z);
    }
}
```

6．上机操作题

（1）创建一个控制台应用程序，定义字符串变量 name，值为“李明”；定义整型变量 age，值为 19；定义浮点型变量 height，值为 1.78 米；定义浮点型数组 score，分别保存三门课的成绩，值分别是 95、90、92；显示各变量的值。

（2）创建一个控制台应用程序，输入三角形的三条边 a、b、c（假设三条边满足构成三角形的条件），计算并输出该三角形的面积 s。

（3）创建一个窗体应用程序，已知有枚举类型定义：enum Myenum{a=97,b,c,d=120,e,f,g}，输出第 6 个枚举元素的序号值。

（4）创建一个窗体应用程序，编写一个信息类 information，使用 shezhi 方法设置会员的姓名、年龄、学校信息。使用 xianshi 方法将会员的姓名、年龄、学校信息显示出来。

（5）创建一个窗体应用程序，输入半径 *R*，求圆的面积和周长。

第3章

C#.NET 程序设计基础

3.1 顺序结构程序设计

顺序结构是最简单、最常用的结构，语句与语句之间按从上到下的顺序执行。

3.1.1 赋值语句

赋值语句是最简单的语句，其一般格式为

```
变量名=表达式
对象名.属性名=表达式
```

赋值语句是先计算表达式的值，然后将计算出来的值赋给变量或对象的属性。表达式的结果与变量或对象的属性具有相同类型；表达式可以由文本、常数、变量、属性、数组元素、其他表达式或函数调用的任意组合所构成。

常用的赋值语句有单赋值语句、复合赋值语句、连续赋值语句。

1．单赋值语句

单赋值语句就是在一条语句中使用等号（=）运算符进行赋值的语句。例如：

```
int a = 5;
int b = a+1;
label1.Text = "姓名";
```

2．复合赋值语句

复合赋值语句是在一条语句中使用+=、-=、*=、/=、%=等复合运算符进行赋值的语句，这种语句首先需要完成特定的运算再进行赋值运算操作。例如：

```
string str="Hello";
str+=" China!";
```

3．连续赋值语句

连续赋值语句是在一条语句中使用多个等号（=）运算符进行赋值的语句，这种语句可以一次为多个变量或属性赋予相同的值。例如：

```
string a1, a2, a3;
a1 = a2 = a3 = "";
```

3.1.2 输入与输出语句

1. Windows 应用程序的输入与输出

Windows 应用程序的输入与输出，可以通过多种控件实现，如 TextBox、Label、MessageBox（消息框）、PictureBox（图片框）等，使用最多的是 TextBox 和 Label。TextBox 和 Label 控件的主要区别在于，Label 控件是一个只能显示数据的控件，而 TextBox 控件既可以让用户在其中输入数据，也可以显示输出数据。

【例 3-1】 编写一个 Windows 窗体应用程序，输入姓名、性别和年龄，输出“××，男或女，××岁”。程序运行结果如图 3.1 所示。

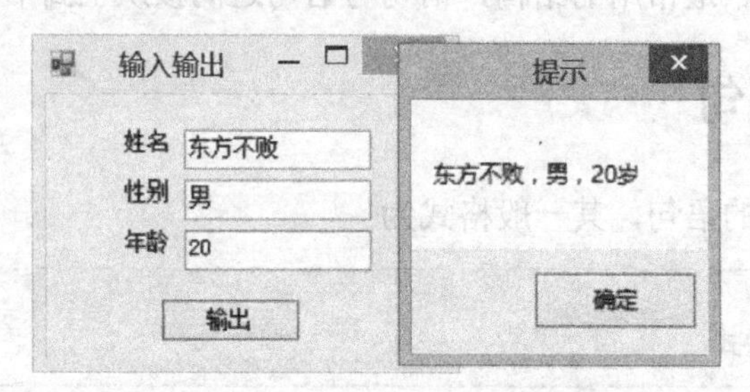

图 3.1　程序运行结果

具体步骤：

（1）设计界面。新建一个 C#的 Windows 窗体应用程序，项目名称设置为 NameAgeForm，向窗体中添加 3 个标签（Label）、3 个文本框（TextBox）、1 个命令按钮（Button），并按图 3.1 所示调整控件位置和窗体尺寸。

（2）设置属性。窗体和控件的属性见表 3.1。

表 3.1　例 3-1 对象的属性设置

对　象	属 性 名	属 性 值
Form1	Text	输入输出
label1～label3	Text	姓名、性别、年龄
button1	Text	输出

（3）编写代码。双击 button1，在 Click 事件处理程序中添加相应代码：

```
private void button1_Click(object sender, EventArgs e)
{
   string xx = textBox1.Text + "," + textBox2.Text+ "," +
   textBox3.Text+ "岁";
   MessageBox.Show(xx,"提示");
}
```

（4）运行程序，查看结果。

2. 控制台应用程序的输入与输出

1）输入方法

把外设的数据送到计算机内存的过程称为输入，通过 Console 类的静态方法 Read()与 ReadLine()实现控制台应用程序的数据输入，其格式如下：

```
Console.Read()
Console.ReadLine()
```

Read()方法只能接收一个字符，返回值是 int 类型；如果输入的字符不是数字，则将返回该字符对应的 ASCII 编码。例如：

```
int i = Console.Read();
```

ReadLine()方法接收一行字符（即一个字符串，按回车键代表输入的结束），返回值是 string 类型。例如：

```
int i = int.Parse(Console.ReadLine());
```

2）输出方法

把计算机内存的数据送到外设的过程称为输出，通过 Console 类的静态方法 Write()与 WriteLine()实现制台应用程序的数据输入，均无返回值，其格式如下：

```
Console.Write(X)或Console.Write(格式字符串，表达式列表)
Console. WriteLine(X)或Console.WriteLine(格式字符串，表达式列表)
```

参数 X 是任意类型的数据；格式字符串是由双引号括起来的字符串，里面可以包含{ }括起来的数字，数字从 0 开始，依次对应表达式列表中的表达式。例如：

```
Console.Write("请输入一个整数：");
int i = int.Parse(Console.ReadLine());
Console.WriteLine("i={0}",i);
```

Write()方法与 WriteLine()方法的唯一区别是前者输出时不换行，后者要换行。

【例 3-2】 编写一个控制台应用程序，输入姓名、性别和年龄，输出“××，男或女，××岁”。程序运行结果如图 3.2 所示。

图 3.2 程序运行结果

具体步骤：

（1）创建“控制台应用程序”，输入项目名称 NameAgeApp，选择项目文件的存放位置，单击“确定”按钮，进入编程界面。

（2）编写代码。其代码如下：

```
static void Main(string[] args)
{
    string xm;
    Console.Write("请输入姓名：");

    xm = Console.ReadLine();
    int age;
    Console.Write("请输入年龄：");
    age =Convert.ToInt16 ( Console.ReadLine());
    Console.WriteLine("{0}的年龄是{1}岁", xm, age);
    Console.Read();
}
```

（3）运行程序，查看结果。

3.2 选择结构程序设计

选择结构也称为分支结构，一般分为单分支、双分支、多分支三种。

3.2.1 if 语句

if 语句也称为条件语句，它根据条件表达式的值选择要执行的语句块。if 语句多用于单分支和双分支选择，语句执行过程中根据不同的情况选择其中一个分支执行。if 语句嵌套可用于多分支选择。

1. 单分支结构

if 语句用于判断表达式的值，满足条件时执行其包含的一组语句。语法格式如下：

```
if (<条件表达式>)
{
    语句块;
}
```

如果表达式的值为 true（真），则执行语句块中的语句；如果表达式的值为 false（假），则不执行语句块中的语句。例如：

```
bool flag = true;
if (flag)                                    //判断 flag 变量的值
{
        Console.WriteLine("这段代码被执行。"); //输出结果
}
```

输出结果是“这段代码被执行。”。

【例 3-3】 编写一个 Windows 窗体应用程序，输入 3 个字符串后，输出最长的字符串及其长度。程序运行结果如图 3.3 所示。

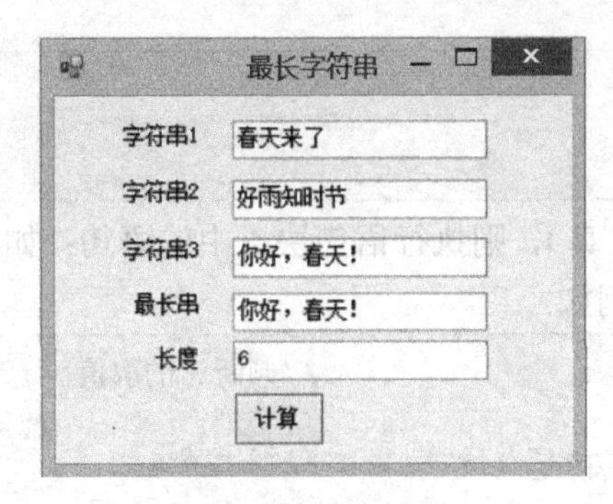

图 3.3　程序运行结果

具体步骤：

（1）设计界面。新建一个 C#的 Windows 窗体应用程序，项目名称设置为 MaxLongString，向窗体中添加 5 个标签（Label）、5 个文本框（TextBox）、1 个命令按钮（Button），并按图 3.3 所示调整控件位置和窗体尺寸。

（2）设置属性。窗体和控件的属性见表 3.2。

表 3.2　例 3-3 对象的属性设置

对　象	属 性 名	属 性 值
Form1	Text	最长字符串
label1～label5	Text	字符串 1、字符串 2、字符串 3、最长串、长度
textBox1～textBox3	Text	春天来了、好雨知时节、你好！春天！
button1	Text	计算

（3）编写代码。双击 button1，在 Click 事件处理程序中添加相应代码：

```
private void button1_Click(object sender, EventArgs e)
{
    int a, b, c, max;       //max 存储最大长度
    a = TextBox1.Text.Length;
    b = TextBox2.Text.Length;
    c = TextBox3.Text.Length;
    max = a; TextBox4.Text = TextBox1.Text;
    if (b > max) { max = b; TextBox4.Text = TextBox2.Text; }
    if (c > max) { max = c; TextBox4.Text = TextBox3.Text; }
    TextBox5.Text = max.ToString();
}
```

（4）运行程序，查看结果。

2. 双分支结构

if…else 语句根据表达式的值有选择地执行程序中的语句。其语法格式如下：

```
if(<条件表达式>)
{
    语句块 1;
}
else
```

```
        {
    语句块 2;
    }
```

如果表达式的值为 true（真），则执行语句块 1 中的语句；如果表达式的值为 false（假），则执行语句块 2 中的语句。例如：

```
if (x>=60)                          //判断 x 的取值
{
     Console.WriteLine("及格");     //输出结果
}
else
{
      Console.WriteLine("不及格"); //输出结果
}
```

【例 3-4】 编写一个 Windows 窗体应用程序，求解表达式 a/b 的结果。程序运行结果如图 3.4 和图 3.5 所示。

（1）设计界面。新建一个 C#的 Windows 窗体应用程序，项目名称设置为 ASubB，向窗体中添加 3 个标签（Label）、3 个文本框（TextBox）、1 个命令按钮（Button），并按图 3.4 调整控件位置和窗体尺寸。

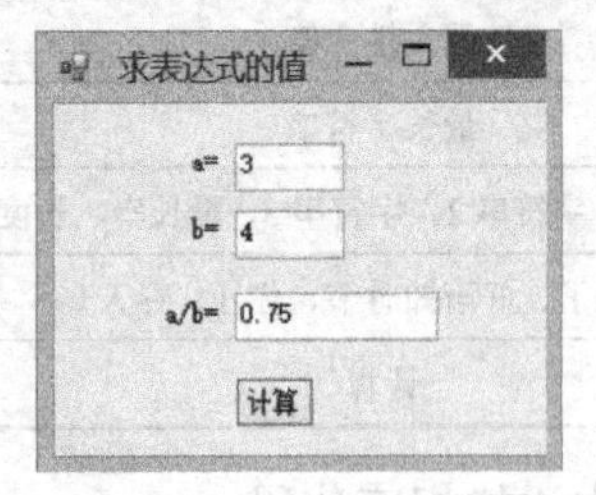

图 3.4 程序运行结果

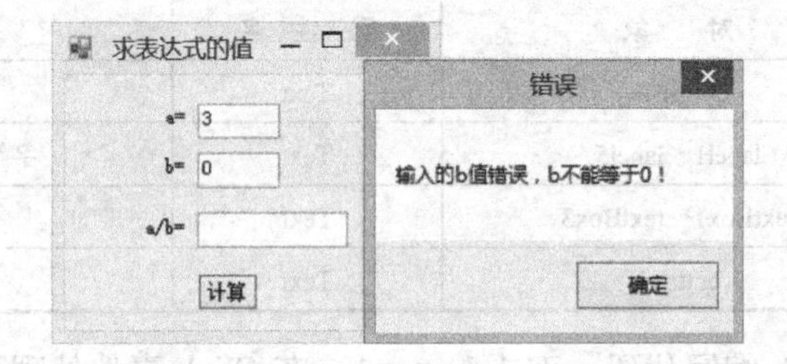

图 3.5 程序运行结果（错误提示）

（2）设置属性。窗体和控件的属性见表 3.3。

表 3.3 例 3-4 对象的属性设置

对　象	属 性 名	属 性 值
Form1	Text	求表达式的值
label1～label3	Text	a=、b=、a/b=
textBox1～textBox3	Text	
button1	Text	计算

（3）编写代码。双击 button1，在 Click 事件处理程序中添加相应代码：

```
private void button1_Click(object sender, EventArgs e)
{
    double a, b,x;
    a = double.Parse(TextBox1 .Text );
    b = double.Parse(TextBox2 .Text);
    if (b != 0)
    {
        x = a / b;
```

```
        textBox3.Text = x.ToString();
    }
    else
    {
        textBox3.Text = "";
        MessageBox.Show("输入的b值错误，b不能等于0！", "错误");
    }
}
```

（4）运行程序，查看结果。

3．多分支结构

对三种或三种以上的情况进行判断时使用if...else if...else语句，即if语句嵌套。其语法格式如下：

```
if(<条件表达式1>)
{
    语句块1;
}
else if(<条件表达式2>)
{
    语句块2;
}
……
else
{
    语句块n;
}
```

执行过程说明：首先判断表达式1，如果其值为true，则执行语句块1，结束if语句；如果表达式1的值为false，则判断表达式2，如果其值为true，则执行语句块2，结束if语句；如果表达式2的值为false，再继续往下判断其他表达式的值；如果所有表达式的值都为false，则执行语句块n，结束if语句。

if语句的嵌套使用中要注意else的匹配问题。每一个else总是与离它最近的且没有其他else与之相匹配过的if进行匹配。

【例3-5】 编写一个窗体应用程序，实现整数的加减乘除四种运算。运行结果如图3.6所示。

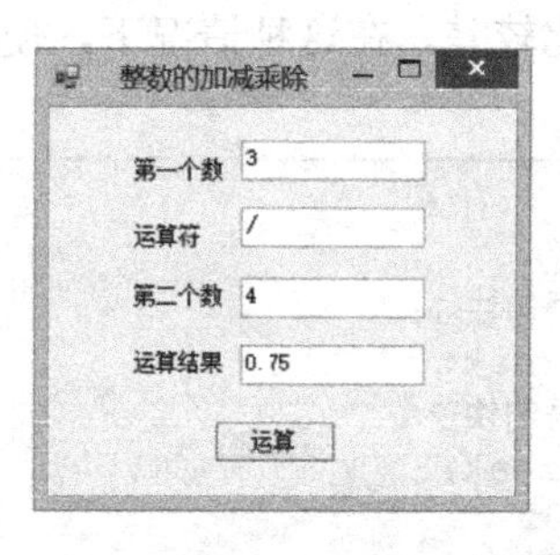

图3.6　程序运行结果

具体步骤：

（1）设计界面。新建一个C#的Windows应用程序，项目名称设置为Arithmetic，向窗体中添加 4 个标签（Label）、4 个文本框（TextBox）、1 个命令按钮（Button），并按图 3.6 所示调整控件位置和窗体尺寸。

（2）设置属性。窗体和控件的属性如表 3.4 所示。

表 3.4　例 3-5 对象的属性设置

对　象	属 性 名	属 性 值
Form1	Text	整数的加减乘除
label1～label4	Text	第一个数、操作符、第二个数、运算结果
textBox1～textBox4	Text	
button1	Text	计算

（3）编写代码。双击 button1，在 Click 事件处理程序中添加相应代码：

```
private void button1_Click(object sender, EventArgs e)
{
    int a = Convert.ToInt16(textBox1.Text);
    int b = Convert.ToInt16(textBox3.Text);
    double c=0;
    char op = Convert.ToChar(textBox2.Text);
    if (op == '+') c = a + b;
    else if (op == '-') c = a - b;
    else if (op == '*') c = a * b;
    else if (op == '/' && b != 0) c = (double)a / b;
    textBox4.Text = c.ToString();
    if (b == 0)
    {
        textBox4.Text = "";
        MessageBox.Show("b 不能为 0", "错误");
    }
}
```

（4）运行程序，查看结果。

3.2.2　switch 语句

嵌套的 if 语句虽然可实现多分支选择结构，但 if 语句每次判断只能有两个分支，当判断的条件较多时，程序的可读性就比较差。在这种情况下，使用 switch 语句（开关语句）就简洁清晰得多，其语法格式如下：

```
switch(<表达式>)
{
   case 常数表达式 1:      语句块 1;
                           break;
   case 常数表达式 2:      语句块 2
                           break;
   ......
   case 常数表达式 n:      语句块 n
                           break;
   default:                语句块 n+1
                           break;
}
```

（1）表达式可以是整型、字符型或字符串。常量表达式1~n的值各不相同，必须与表达式的类型一致。

（2）break语句用于跳出switch语句的运行，一般情况下，每个case语句块后都有break。

（3）default用来处理不匹配case语句的值，default常用于处理相应的异常。

例如：

```
switch (strFileFormat)
    {
        case "doc": Console.WriteLine("Microsoft Word 文档");
                    break;
        case "txt": Console.WriteLine("普通文本文档");
                    break;
        case "xls": Console.WriteLine("Microsoft Excel 文档");
                    break;
        default:    Console.WriteLine("未命名格式文档");
                    break;
}
```

执行上述代码后，程序会判断strFileFormat的值，如果等于“doc”，则执行第一个case后的语句块，以此类推；如果与每一个case语句都不匹配时，则执行default后的语句块。

【例3-6】 编写一个Windows窗体应用程序，实现根据月份显示所处季节：3～5月为春季；6～8月为夏季；9～11月为秋季；1、2和12月为冬季。程序运行结果如图3.7所示。

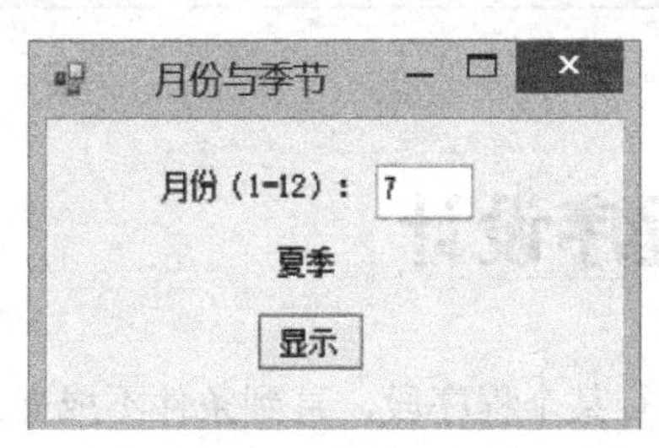

图3.7　程序运行结果

具体步骤：

（1）设计界面。新建一个C#的Windows窗体应用程序，项目名称设置为Season，向窗体中添加2个标签（Label）、1个文本框（TextBox）、1个命令按钮（Button），并按图3.7所示调整控件位置和窗体尺寸。

（2）设置属性。窗体和控件的属性见表3.5。

表3.5　例3-6 对象的属性设置

对　象	属 性 名	属 性 值
Form1	Text	月份与季节
label1、label2	Text	月份（1-12）：、季节
button1	Text	显示

（3）编写代码。双击button1，在Click事件处理程序中添加相应代码：

```
private void button1_Click(object sender, EventArgs e)
{
```

```
    int month;
    month = int.Parse(textBox1 .Text );
    switch (month)
    {
        case 1:
        case 2: label2.Text = "冬季";
                break;
        case 3:
        case 4:
        case 5: label2.Text = "春季";
                break;
        case 6:
        case 7:
        case 8: label2.Text = "夏季";
                break;
        case 9:
        case 10:
        case 11: label2.Text = "秋季";
                 break;
        case 12: label2.Text = "冬季";
                 break;
        default: MessageBox.Show("输入的月份有误！","提示");
                 break;
    }
}
```

（4）运行程序，查看结果。

3.3 循环结构程序设计

在给定条件成立时反复执行某个程序段，直到条件不成立为止，称为循环结构。其中，给定的条件称为循环条件，反复执行的程序段称为循环体。C#提供了多种形式的循环语句，有 while 语句、do…while 语句、for 语句和 foreach 语句，它们全部都支持用 break 来退出循环，用 continue 来跳过本次循环进入下一次循环。

3.3.1 while 语句

while 语句表示条件满足时执行循环语句，不满足时结束循环，因此循环语句可能一次也不执行。其语法格式如下：

```
while(<条件表达式>)
{
    循环语句
}
```

执行时，先判断条件表达式，如果为真，则执行循环语句；然后再判断条件表达式，直到为假，结束循环。

例如，完成从 1 到 10 这 10 个自然数的和，其代码如下：

```
int i = 1,s = 0;              //定义变量
while (i <= 10)               //判断 while 条件
```

```
{
        s += i;              //累加
         i++;                //i 加 1
}
```

while 循环体一共执行了十次，i 的值从 1 变化到 11，s 中存放了从 1 到 10 的累加和。

【例 3-7】 编写一个 Windows 窗体程序，计算两个正整数的最大公约数与最小公倍数。程序运行结果如图 3.8 所示。

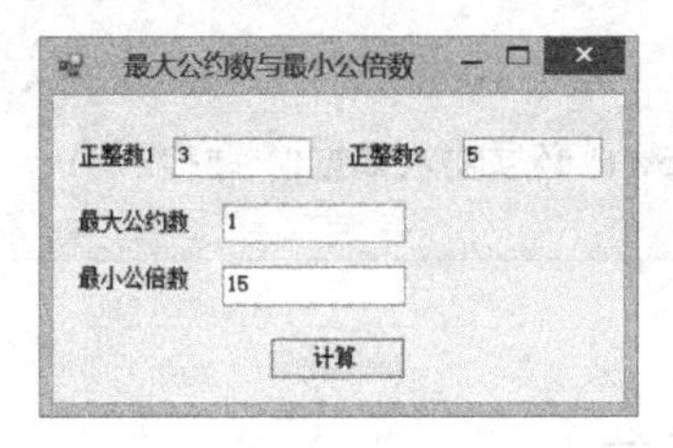

图 3.8　程序运行结果

具体步骤：

（1）设计界面。新建一个 C#的 Windows 窗体应用程序，项目名称设置为 GcmLcm，向窗体中添加 4 个标签（Label）、4 个文本框（TextBox）、1 个命令按钮（Button），并按图 3.8 所示调整控件位置和窗体尺寸。

（2）设置属性。窗体和控件的属性见表 3.6。

表 3.6　例 3-7 对象的属性设置

对　象	属 性 名	属 性 值
Form1	Text	最大公约数和最小公倍数
label1～label4	Text	正整数 1、正整数 2、最大公约数、最小公倍数
button1	Text	计算

（3）编写代码。双击 button1，在 Click 事件处理程序中添加相应代码：

```
int a, b, ys, gys, gbs;
private void button1_Click(object sender, EventArgs e)
{
   if (textBox1.Text != "" && textBox2.Text != "")
    {
       a = Convert.ToInt16(textBox1.Text);
       b = Convert.ToInt16(textBox2.Text);
       if (a == 0 || b == 0)
       {
          MessageBox.Show("必须是正整数", "提示");
          textBox1.Text =textBox2.Text =textBox3.Text =textBox4. Text = "";
          return;
       }
       else
       {
          if (a < b) { int t = a; a = b; b = t; }
          {
             ys = a % b;
             while (ys != 0)
             {
```

```
                    a = b;
                    b = ys;
                    ys = a % b;
                }
                gys = b;
                gbs   =   Convert.ToInt16(textBox1.Text)   *   Convert.ToInt16
(textBox2.Text) / gys;
                textBox3.Text = gys.ToString();
                textBox4.Text = gbs.ToString();
            }
        }
    }
    else MessageBox.Show("必须输入数据", "提示");
}
```

（4）运行程序，查看结果。

3.3.2 do…while 语句

do…while 语句是先执行循环语句，再判断条件表达式，如果条件表达式为真，则继续执行循环语句，直至条件表达式为假时结束循环，因此循环语句至少执行一次。其语法格式如下：

```
do
{
    循环语句
} while(<条件表达式>)
```

完成求 1～10 的和，可以用 do…while 语句改写如下：

```
    int i = 1,s = 0;                //定义变量
    do
    {
            s += i;                 //累加
             i++;                   //i 加 1
} while (i <= 10)                   //判断 while 条件
```

3.3.3 for 语句

与 while 语句相似，for 语句也是先对循环条件作出测试，如果循环条件为真则进入循环语句，否则终止循环。在循环次数已知时，常使用 for 语句。其语法格式如下：

```
for (<表达式 1>;<表达式 2>;<表达式 3>)
{
    循环语句
}
```

for 语句的括号中有三个表达式，它们分别由分号分隔。这三个表达式的任何一部分都可以为空，但两个分号不能缺少，此时应在程序的其他地方有循环控制变量初始化，循环控制变量值改变的语句。其作用分别如下：

（1）<表达式 1>为循环控制变量初始化语句，只在循环开始之前仅且执行一次。

（2）<表达式 2>为循环条件，条件为真时执行循环语句。

（3）<表达式 3>用来改变循环控制变量的值，以使得循环条件最终为假，在循环语句后

执行。

例如：

```
for (int  i = 1 ,s = 0; i <= 10; i++)      //i++用于改变循环变量 i 的值
{
    s += i;
}
```

其执行顺序如下所示。

（1）i 和 s 赋初值。

（2）判断 i 的值是否满足 i<=10，如果满足，则执行循环语句 s+=i，否则结束循环。

（3）执行 i++。

（4）在第（2）步和第（3）步之间重复执行。

【例 3-8】 编写一个 Windows 窗体应用程序，要求输入一组整数，求出这组数中的最大值及其序号、最小值及其序号、和值及平均值。程序运行结果如图 3.9 所示。

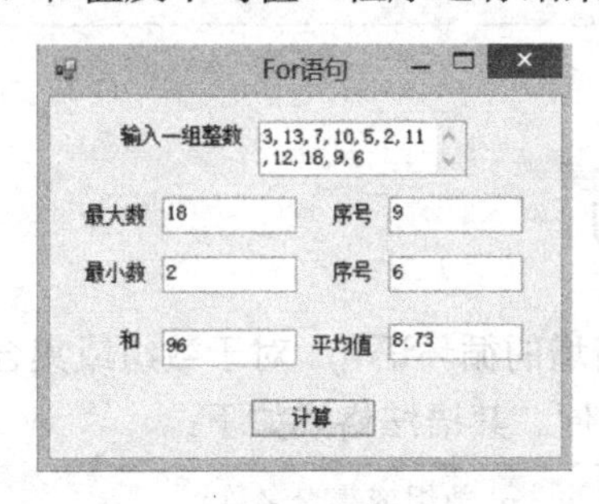

图 3.9　程序运行结果

具体步骤：

（1）设计界面。新建一个 C#的 Windows 窗体应用程序，项目名称设置为 ForApp，向窗体中添加 7 个标签（Label）、7 个文本框（TextBox）、1 个命令按钮（Button），并按图 3.9 所示调整控件位置和窗体尺寸。

（2）设置属性。窗体和控件的属性见表 3.7。

表 3.7　例 3-8 对象的属性设置

对　象	属 性 名	属 性 值
Form1	Text	For 语句
label1～label7	Text	输入一组整数、最大数、序号、最小数、序号、和、平均值
textBox1	ScrollBars	Vertical
button1	Text	计算

（3）编写代码。双击 button1，在 Click 事件处理程序中添加相应代码：

```
private void button1_Click(object sender, EventArgs e)
{
    string str = textBox1.Text.Trim();
    string[] a = str.Split(new Char[] { ' ', ',', '.', ':' });
    int len = a.Length, i = 0;
    int[] b = new int[len];
```

```
        for (i = 0; i < len; i++) b[i] = Convert.ToInt16(a[i]);
        int max = b[0], min = b[0], sum = b[0], zd = 0, zx = 0;
        for (i = 1; i < len; i++)
        {
            if (max < b[i])
            { max = b[i]; zd = i; }
            if (min > b[i])
            { min = b[i]; zx = i; }
            sum += b[i];
        }
        double aver = (double)sum / len;
        textBox2.Text = max.ToString();
        textBox3.Text = (zd + 1).ToString();
        textBox4.Text = min.ToString();
        textBox5.Text = (zx + 1).ToString();
        textBox6.Text = sum.ToString();
        textBox7.Text = Math.Round (aver,2).ToString();
    }
```

（4）运行程序，查看结果。

3.3.4 foreach 语句

foreach 循环语句是 C#中新增的循环语句。对于数组或集合中的每一个元素，如果希望逐一处理，则使用 foreach 更为方便。其语法格式如下：

```
foreach( 数据类型 变量名称 in 数组或集合名称)
{
    循环语句
}
```

数据类型：表示数组和集合元素的数据类型名称，可以是值类型，也可以是引用类型。

变量名称：其取值是 in 数组或集合元素的值。

数组或集合名称：要处理的数组或集合名称。

执行时，先将数组或集合的第一个元素值赋值给变量，然后执行循环语句；再将第二个元素值赋给变量，然后执行循环语句；如此往复，直到数组或集合内所有元素都处理过，就结束循环。例如：

```
int[] members = new int[] { 0, 1, 2, 3, 5, 8, 13 };    //定义了一个数组
foreach (int member in members)                         //进行 foreach 循环
{
    Console.WriteLine(member);                          //输出结果
}
```

在 foreach 过程中，数组 members 是不允许被改变的。

【例 3-9】 编写一个 Windows 窗体应用程序，计算一组整数中的最大值，这组数由随机函数获得，范围为-1000～1000。程序运行如图 3.10 所示。要求：“求最大值”按钮的 Enabled 初值为 False，在输入“数组大小”并单击“随机赋值”按钮后，各数组元素值显示在 textBox2 中，“求最大值”按钮的 Enabled 的值改为 True，单击“求最大值”按钮后最大值显示在 textBox3 中。

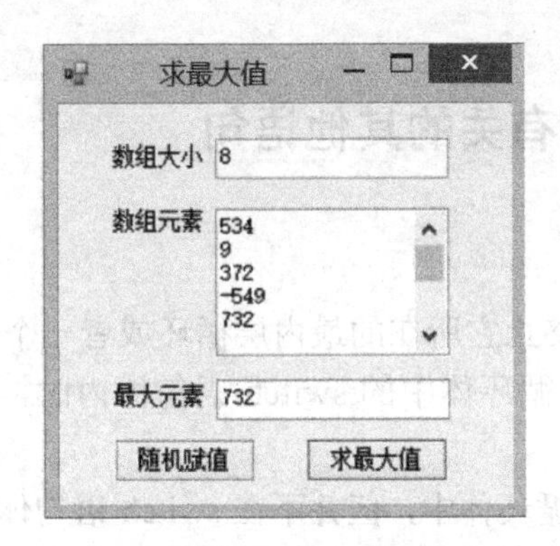

图 3.10　程序运行结果

具体步骤：

（1）设计界面。新建一个 C#的 Windows 窗体应用程序，项目名称设置为 MaxNum，向窗体中添加 3 个标签（Label）、3 个文本框（TextBox）、2 个命令按钮（Button），并按图 3.10 所示调整控件位置和窗体尺寸。

（2）设置属性。窗体和控件的属性见表 3.8。

表 3.8　例 3-9 对象的属性设置

对　象	属 性 名	属 性 值
Form1	Text	求最大值
label1～label3	Text	数组大小、数组元素、最大元素
textBox2	ScrollBars	Vertical
button1、button2	Text	随机赋值、求最大值

（3）编写代码。双击 button1，在 Click 事件处理程序中添加相应代码：

```
int n; int[] a;
private void button1_Click(object sender, EventArgs e)
{
    n = int.Parse(textBox1.Text);
    a = new int[n];
    string aa="";
    Random rand = new Random();
    for (int i = 1; i <= n; i++)
        a[i - 1] = rand.Next(-1000, 1000);
    foreach (int t in a)  aa+=+t.ToString ()+"\r\n";
    textBox2 .Text =aa+"\r\n";
    button2.Enabled = true;
}
private void button2_Click(object sender, EventArgs e)
{
    int max = -1000;
    foreach (int t in a)  if (t>max) max=t;
    textBox3.Text =max.ToString ();
}
```

（4）运行程序，查看结果。

3.3.5 与程序转移有关的其他语句

1. break 语句

break 语句会使程序立刻终止它所在的最内层循环或者一个 switch 语句，规则如下：

（1）当 break 语句出现在循环体中的 switch 语句体内时，其作用只是跳出该 switch 语句体。

（2）当 break 语句出现在循环体中，但并不在 switch 语句体内时，则在执行 break 后跳出本层循环体。

如果一个循环的终止条件比较烦琐，那么使用 break 语句来实现满足某些条件时终止循环要简便。例如：

```
for (int i = 1; i < 10; i++)
{
    if (i == 7) break;
    Console.Write(i);
}
```

当 i=7 时终止了循环，输出结果是 123456。

2. continue 语句

continue 语句不是终止循环，而是不执行本次循环剩下的代码，开始执行下一次循环。

continue 语句只能用在 while 语句、do…while 语句、for 语句或者 foreach 语句的循环体内，在其他地方使用都会引起错误。例如：

```
for (int i = 1; i < 10; i++)
{
    if (i == 7)
    {
        continue;
    }
    Console.Write(i);
}
```

当 i=7 时终止了本次循环，所以 7 不被输出，但整个循环并没有结束，而是开始新的一轮循环，即从 8 开始继续循环，直到 i=10 时结束循环，输出结果为 12345689。

3. return 语句

return 语句用于返回方法的值，return 语句只出现在方法体内，规则如下：

（1）使用 return 语句从当前的方法中退出，返回到调用该方法的语句处继续执行。

（2）使用 return 语句返回一个值给调用该方法的语句，返回值的数据类型必须与方法声明中的类型一致，也可以使用强制类型转换来保持数据类型一致。

（3）当用 void 声明类型时，应使用 return 语句，但不返回任何值。

return 语句的语法格式如下：

```
return <表达式>;
return;
```

4．goto 语句

goto 语句可以直接跳转到程序标签处开始执行。例如：

```
goto lblEnd;                //goto 语句
Console.WriteLine("此句被跳过。");
lblEnd:                     //标签
Console.WriteLine("goto 语句执行到此。");
```

一般在程序中不建议使用 goto 语句，因为容易引起程序流程的混乱。

3.3.6 循环嵌套

如果一个循环（称为“外循环”）语句的循环体内包含另一个或多个循环（称为“内循环”）语句，则称为循环嵌套。

【例 3-10】 编写一个 Windows 窗体应用程序，输出八行杨辉三角形。程序运行结果如图 3.11 所示。

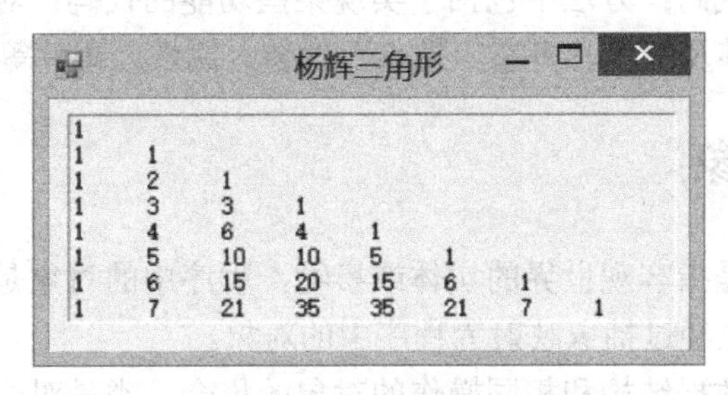

图 3.11 程序运行结果

具体步骤：

（1）设计界面。新建一个 C#的 Windows 应用程序，项目名称设置为 BinomialArray，向窗体最左上角添加 1 个标签（Label），并按图 3.11 所示调整控件位置和窗体尺寸。

（2）设置属性。窗体和控件的属性见表 3.9。

表 3.9 例 3-10 对象的属性设置

对 象	属 性 名	属 性 值
Form1	Text	杨辉三角形
label1	BorderStyle	Fixed3D

（3）编写代码。双击 Form1，在 Load 事件处理程序中添加相应代码：

```
private void Form1_Load(object sender, EventArgs e)
{
        const int n=8;
        int[,] a=new int[n,n];
        int i, j;
        string str="";
        for (i = 0; i < n; i++) a[i, 0] = 1;
        for (i = 1; i < n; i++)
            for (j = 1; j < n; j++) a[i, j] = 1;
        for (i = 2; i < n; i++)
```

```
        for (j = 1; j < i; j++) a[i, j] = a[i - 1, j - 1] + a[i - 1, j];
    for (i = 0; i < n; i++)
    {
        for (j = 0; j <= i; j++)
            if(a[i,j]>=10) str += a[i, j].ToString() + " ";
            else str += a[i, j].ToString() + "    ";
        str += "\r\n";
    }
    label1.Text = str;
}
```

（4）运行程序，查看结果。

3.4 面向对象程序设计

C#是一种面向对象的程序设计语言。类、对象和方法是面向对象的基础，在类中定义了数据和实现这些数据的代码；方法中包括了实现某些功能的代码；对象是实现类的具体属性和行为。面向对象中还涉及继承、多态、抽象、封装、属性、事件等概念。

3.4.1 类和对象

现实生活中的对象是指客观世界的实体或事物，程序中的对象是一组变量和相关方法的集合，现实生活中的对象经过抽象映射为程序中的对象。

类是一组具有相同数据结构和相同操作的对象的集合，类是对一系列具有相同性质的对象的抽象，是对对象共同特征的描述。在一个类中，每个对象都是类的实例，可以使用类中提供的方法。

类的一般语法格式如下：

```
[属性信息][类修饰符]class 类名 [: 基类和任何实现的接口列表]
{
   类成员
}
```

其中，属性信息、类修饰符、基类和任何实现的接口列表、类体为可选项，类修饰符见表 3.10。

表 3.10　类修饰符

修 饰 符	作 用
New	表明类中隐藏了由基类中继承而来的、与基类同名的成员和方法
Public	表示不限制对该类的访问
protected	表示只能从所在类和所在类派生的子类进行访问
Internal	只有其所在类才能访问
Private	只有包含在.NET 中的应用程序或库才能访问
Abstract	抽象类不允许建立类的实例

续表

修　饰　符	作　　用
Sealed	密封类不允许被继承
protected internal	访问仅限于从所在类派生的当前项目或类

最简单的类定义，只要在类名前放置class关键字，然后在一对花括号内插入类的成员即可。例如：

```
public class Person
{
    private string name;
    private char sex;
    private int age;
    public string Name
    {
        get  { return name; }
        set  { name = value; }
    }
    public Person(string n,char s,int a)
    {
        name=n;
        sex=s;
        age=a;
    }
    public void Display()
    {
        Console.WriteLine("name:{0}",name);
        Console.WriteLine("sex:{0}",sex);
        Console.WriteLine("age:{0}",age);
    }
}
```

定义类时不能对成员变量进行初始化，因为此时无法确定成员变量属于哪一个对象。成员变量一般都定义为private类型，也不能在声明对象后利用赋值运算对成员变量进行初始化。一个类可包含的成员有构造函数和析构函数、常量、字段、方法、属性、索引器、运算符、事件、委托、类、接口、结构等。类有其特征数据，用字段表示，类似于变量；类有其行为，用方法表示。

对一个类的成员可以指定不同的访问修饰符，以表明其可见或可访问，如表3.11所示。

表3.11　类成员的访问修饰符

修　饰　符	作　　用
Public	表明从类定义的外部和派生类的层次都是可以访问的，即可以在任何地方被访问，包括类的外部
protected	表明在类外部是不可视的，而只能由派生类进行访问，即可以在它所属的内部被访问，或在派生类中被访问
Private	表示不能在定义类的作用域外部进行访问。因此，派生类不能访问这些成员，仅在它所属的类的内部被访问。其为默认访问修饰符
Internal	表示只在当前编译单元内是可视的。只有在同一程序集之间的文件内才是可访问的

对象用来描述客观事物的一个实体，它是类的具体实例。创建类实例的格式如下：

```
类名 对象名=new 构造函数（参数列表）；
```

例如，Person Me= new Person ("zhangsan",m,19)。

3.4.2 构造函数和析构函数

构造函数主要用来为对象分配存储空间，完成初始化操作，如给类的成员赋值等，创建对象时将调用类的构造函数。

在C#中，类的构造函数遵循以下规定：

（1）构造函数的函数名与类的名称一致。

（2）一个类可以有多个构造函数。

（3）如果类没有构造函数，将自动生成一个默认的无参数构造函数，并使用默认值初始化对象的字段（例如、int将初始化为0）。

（4）类的构造函数可通过初始值设定项来调用基类的构造函数，例如：

```
public Employee(string n, char s, int a, string d, decimal sa) : base(n, s, a)
{}
```

构造函数主要用来完成对成员变量的初始化工作，使得在声明对象时能自动地初始化对象，因为当程序创建一个对象时，系统将会自动调用该对象所属类的构造函数。Person 类中定义的构造函数如下：

```
public Person(string n,char s,int a)
{
   name=n;
   sex=s;
   age=a;
}
```

析构函数的作用和构造函数刚好相反，用来在系统释放对象前做一些清理工作，如利用delete运算符释放临时分配的内存、清零某些内存单元等。当一个对象生存期结束时，系统会自动调用该对象所属类的析构函数。

析构函数的名称在类名前加上“~”符号。

构造函数和析构函数都不能指定任何返回值类型，包括void返回类型。

3.4.3 字段

类中的字段实际上相当于变量，因此字段的定义与变量定义形式相同。语法格式如下：

```
访问修饰符 数据类型 字段名；
```

Person 类中的name、sex、age都是字段，都是私有字段。面向对象程序设计的特性之一是隐藏数据，避免无意的错误操作，保证类的完整性。因此，在类中一般的字段都设计成private的，它也是默认访问权限。如需要在类外访问私有字段，面向对象的程序设计通过公共属性来完成这一任务。

3.4.4 属性

属性是类的成员，它是对现实世界中实体特征的抽象，它提供了一种对类或对象特征进行访问的机制。例如，姓名、性别、年龄等都可以作为属性。属性所描述的是状态信息，在类的某个实例中，属性的值表示该对象相应的状态值。与字段相比，属性具有良好的封装性；属性不允许直接操作数据内容，而是通过访问器进行访问。这种机制可以把读取和写入对象的某些特性与一些操作关联起来；甚至它们还可以对此特性进行计算。

定义属性的格式如下：

```
访问修饰符 属性类型 属性名 { get { }   set { } }
```

其中，get、set分别定义了属性所描述的字段的读、写属性。当读取属性时，执行get访问器的代码块；当向属性分配一个新值时，执行set访问器的代码块。不具有set访问器的属性被视为只读属性，不具有get访问器的属性被视为只写属性，同时具有这两个访问器的属性是读写属性。Person类定义中的public string Name { }即为一个属性，负责读写私有字段name。

3.4.5 方法

方法是类中执行计算或其他行为的成员。方法的一般语法格式为

```
[方法修饰符]  返回值类型 方法名（[参数列表]）{方法体}
```

方法的修饰符见表3.12，可以有一个或多个修饰符，默认为internal。

表3.12 方法的修饰符

修 饰 符	作 用
Public	表明可以在任何地方被访问，包括类的外部
New	表明隐藏了同名的继承方法
protected	表明可以在它所属的类内或派生类中被访问
Private	表明可以在它所有属的类内被访问
Internal	表明可以在同一程序中被访问
Static	表明不能在类的特定实例上执行
Virtual	表明可以被派生类的类重用
Abstract	表明虚拟定义了方法名，但提供执行方式
Override	表明重写继承的方法或抽象的方法
Sealed	表明重用继承的虚拟方法，但不能被派生于这个类的其他类重用，必须和重写方法一起使用
Extern	表明在外部用另一种语言被执行

返回值类型可以是任何一种C#的数据类型。C#在方法体中通过return语句得到返回值；如果方法没有返回值，就把返回类型指定为void。

方法名集中体现了类或对象的行为，同一类中的方法名不能同名，也不能与类中的其他成员同名。Person类中定义了方法public void Display(){}，以实现从控制台输出人的姓名、

性别和年龄。

方法的形参表是传递给方法的参数声明，C#中方法的参数有四种类型：值参数、引用参数、输出参数和数组参数。

（1）值参数：不附加任何修饰符。

（2）引用参数（地址参数）：以 ref 修饰符声明。

（3）输出参数：以 out 修饰符声明，其能返回多于一个值能调用者。

（4）数组参数：以 params 修饰符声明。

静态方法通过类来访问；非静态方法，也称为实例方法，通过类的对象来访问。

3.4.6 继承

继承是面向对象程序设计的一个重要特征，它允许在现有类的基础上创建新类，新类从现有类中继承类成员，而且可以重新定义或加进新的成员，从而形成类的层次或等级。一般称被继承的类为基类或父类，而继承后产生的类为派生类或子类。

与 C++不同的是 C#中类不能多重继承，只能单一继承，C#中通过接口（interface）实现多重继承。派生类的声明格式为

```
类修饰符 class 派生类类名 : 基类类名 { 类体 }
```

在类的声明中，通过在类名的后面加上冒号和基类名表示继承。

3.4.7 多态

多态性是指不同的对象收到相同的消息时会产生不同动作，C#的多态性主要体现在方法（虚函数）重载上，从而实现“一个接口，多个方法”。它允许以相似的方式来对待所有的派生类，尽管这些派生类是各不相同的。例如，动物 Animal 类的不同实体（猫、狗、猪、牛等）的叫声各不相同，它们的睡姿也大为迥异。

C#支持两种类型的多态性，其实现方法如下：

（1）编译时的多态性是通过重载类实现的，系统在编译时，根据传递的参数个数、类型信息决定实现何种操作。

（2）运行时的多态性是指在运行时，根据实际情况决定实现何种操作。C#中运行时的多态性通过虚方法成员实现。

类中若有两个以上的方法（包括隐藏的继承而来的方法）取的名称相同，只要使用的参数类型或者参数个数不同，编译器便知道在何种情况下应该调用哪个方法，这就叫做方法的重载，实现了“一个接口，多种动作”。

如果希望基类中某个方法能够在派生类中进一步得到改进，那么可以把这个方法在基类中定义为虚方法。类中的方法前加上了 virtual 修饰符而成为虚方法，反之为非虚方法。使用了 virtual 修饰符后不允许再有 static、abstract 或 override 修饰符。

普通方法重载要求方法名称相同，参数类型和参数个数不同，而虚方法重载要求方法名称、返回值类型、参数表中的参数个数和类型顺序都必须与基类中的虚函数完全一致。在派生类中声明对虚方法的重载要求在声明中加上 override 关键词，而不能有 new、static 或 virtual 修饰符。

【例 3-11】 编写一个控制台应用程序，定义学生类 Student，在类中定义字段、属性和虚方法；由基类 Student 创建派生类 Undergraduate 和 Graduate，在派生类中实现方法重载，在程序中实例化类的对象并且调用类的方法。要求：定义基类 Student；为基类 Student 添加字段、属性和方法；定义派生类 Undergraduate 和 Graduate，在其中重写基类的构造函数和虚拟方法；在程序主方法中实例化类的对象，调用方法输出介绍学生的字符串。程序运行结果如图 3.12 所示。

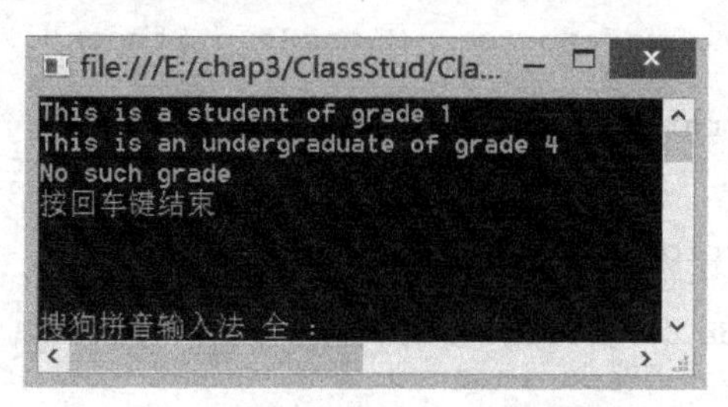

图 3.12　程序运行结果

具体步骤：

（1）创建“控制台应用程序”，输入项目名称 ClassStud，选择项目文件存放位置，单击“确定”按钮，进入编程界面。

（2）在项目上添加类，取名为“Student”，在其中编写代码如下：

```
public class Student    //基类
{
    /// <summary>
    /// 姓名
    /// </summary>
    private string m_name;
    /// <summary>
    /// 年级
    /// </summary>
    private int m_grade;
    public Student()
    {
        Grade = 1;
    }
    public string Name
    {
        get
        {
            return m_name;
        }
        set
        {
            m_name = value;
        }
    }
    public int Grade
    {
        get
        {
            return m_grade;
        }
        set
```

```
            {
                m_grade = value;
            }
        }
        public virtual string Introduce()
        {
            return "This is a student of grade " + Grade;
        }
    }
    public class Undergraduate : ClassStud.Student     //派生类
    {
        public Undergraduate()
        {
        }
        public override string Introduce()
        {
            if (Grade >= 1 && Grade <= 4)
                return "This is an undergraduate of grade " + Grade;
            else
                return "No such grade";
        }
    }
    public class Graduate : ClassStud.Student           //派生类
    {
        public Graduate()
        {
        }
        public override string Introduce()
        {
            if (Grade >= 1 && Grade <= 3)
                return "This is a graduate of grade " + Grade;
            else
                return "No such grade";
        }
}
```

（3）在Program.cs中编写代码如下：

```
    static void Main(string[] args)
    {
        Student std = new Student();                    //创建对象std
        Console.WriteLine(std.Introduce());
                                    //调用对象std的方法Introduce()
        Undergraduate ugd = new Undergraduate();    //创建对象ugd
        ugd.Grade = 4;              //设置ugd对象的Grade属性值为4
        Console.WriteLine(ugd.Introduce());
                                    //调用对象ugd的方法Introduce()
        Graduate gd = new Graduate();                   //创建对象gd
        gd.Grade = 4;               //设置gd对象的Grade属性值为4
        Console.WriteLine(gd.Introduce());
                                    //调用对象gd的方法Introduce()
        Console.WriteLine("按回车键结束");
        Console.ReadLine();
}
```

（4）运行程序，查看结果。

分析与归纳：

Student类中定义的字段是私有的，属性是公有的；在实例化对象时，自动调用构造函数；

如果代码中没有定义构造函数，系统也会创建一个默认的构造函数。

3.5　异常处理

异常又称例外，是指程序运行过程出现的非正常事件，是程序错误的一种。为保证程序安全运行，程序中需要对可能出现的异常进行相应的处理。

.NET 提供了一种结构化异常处理技术来处理异常错误情况，当出现异常时，创建一个异常对象，然后根据程序流程，将异常对象传递给一段特定的代码，即由一段代码抛出异常对象，由另一个代码段捕获并处理。

异常处理的一般过程是引发异常后，先根据定义判断是哪种类型的异常，然后执行这种类型的异常处理程序段。异常引发后，为了确保异常能够被正确地捕捉并处理，通常需要在程序中加入相应的异常处理程序代码。常用的异常处理结构如下：

```
try
{   // 可能引发异常的代码    }
catch ( 类型 1    变量 1)
{   // 对类型 1 异常进行处理的异常处理程序代码          }
catch ( 类型 2    变量 2)
{  // 对类型 2 异常进行处理的异常处理程序代码       }
……
catch ( 类型 n    变量 n)
{  // 对类型 n 异常进行处理的异常处理程序代码          }
[finally
{   //finally 代码
}]
```

将可能引发异常的程序代码放在 try 块中，处理异常的异常处理程序代码放在 catch 块中；catch 关键字后有一对圆括号，圆括号中是异常类型和异常对象名。

C#程序运行时，如果引发了异常，就抛出一个异常对象，此时程序将中断正常运行，系统会检查引发异常的语句以确定它是否在 try 块中。如果是，则按照 catch 块出现的先后顺序进行扫描，根据 catch 块中的异常参数类型找出最先与之匹配的 catch 块，开始执行该 catch 块中的异常处理程序，之后不再执行其他 catch 块，从 catch 块后的第 1 个语句处恢复执行。若有 finally 块，则不论程序在执行过程中是否发生异常，finally 代码段总是被执行，即使 try 块中出现了 return、continue、break 等转移语句，finally 语句块也会执行。

【例 3-12】 编写一个 Windows 窗体应用程序，输入整数 x、y 的值，求表达式 y/x 的值，要求对异常进行处理。程序运行结果如图 3.13 所示。

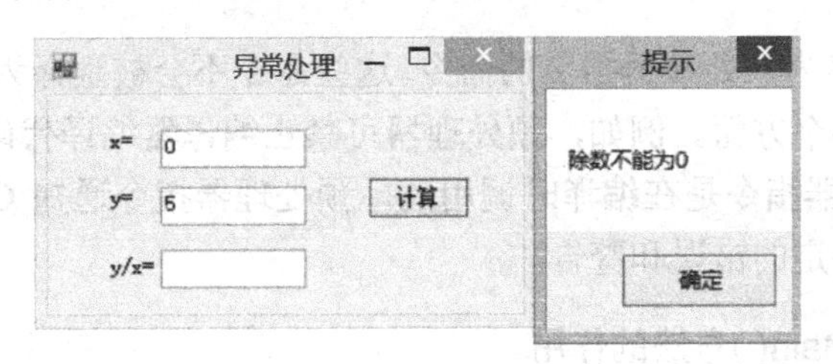

图 3.13　程序运行结果

具体步骤：

（1）设计界面。新建一个C#的Windows窗体应用程序，项目名称设置为Exception，向窗体最左上角添加3个（Label）、3个TextBox、1个Button，并按图3.13所示调整控件位置和窗体尺寸。

（2）设置属性。窗体和控件的属性见表3.3。

表3.13　例3-12 对象的属性设置

对　象	属 性 名	属 性 值
Form1	Text	异常处理
label1～label3	Text	x=、y=、y/x=
button1	Text	计算
textBox1～textBox3		

（3）编写代码。双击button1，在Click事件处理程序中添加相应代码：

```
private void button1_Click(object sender, EventArgs e)
{
    int x,y,z;
    try
    {
        x = Convert.ToInt16(textBox1.Text);
        y = Convert.ToInt16(textBox2.Text);
            z= y / x;
            textBox3.Text = z.ToString();
    }
    catch (FormatException)
    {
        MessageBox.Show("输入数据格式不正确，应输入一个整数", "提示");
    }
    catch (DivideByZeroException)
    {
        MessageBox.Show("除数不能为0", "提示");
    }
}
```

（4）运行程序，查看结果。

3.6　常见技术问题

1. 如何理解C#中预处理器指令？

【分析】C#有许多名为预处理器指令的命令。这些命令不会被翻译为可执行代码中的命令，但会影响编译过程的各个方面。例如，预处理器可禁止编译器编译代码的某一部分。

【解答】C#预处理器指令是在编译时调用的。预处理器指令通知C#编译器要编译哪些代码，并指出如何处理特定的错误和警告。

2. 简述C#中的Main( )方法的作用。

【分析】程序的入口点是Main()方法，程序将在那里创建对象并调用其他方法，一个C#

程序中有且只能有一个入口点。

【解答】Main( )方法是 C# 控制台应用程序或窗口应用程序的入口点。当应用程序启动时，Main( )方法是第一个调用的方法。在一个 C#程序中只能有一个入口点，因此 Main( )方法有且只能有一个。

3．如何理解 C#中的指针？

【分析】为了保持类型安全，默认情况下，C#不支持指针。不过，通过使用 unsafe 关键字，可以定义可使用指针的不安全上下文。指针是一个无符号整数，它是一个以当前系统地址范围为取值范围的整数。

【解答】指针类型不继承 object，并且指针类型与 object 之间不存在转换。此外，装箱和取消装箱不支持指针；但是，允许在不同指针类型之间以及指针类型与整型之间进行转换。

4．C#提供了哪几种循环结构？

【分析】循环使用起来非常方便有效，它就是重复执行一些语句，而无须每次都编写相同的代码；同时，C#中还提供了对循环中断处理的语句。

【解答】C#提供了 do…while 循环、while 循环、for 循环、foreach 循环四种。while 循环与 do…while 循环常用于循环次数不确定的场合；for 循环又称计数循环，常用于循环次数确定的场合；foreach 循环用于处理已知集合的循环操作。

5．结构和类的区别是什么？

【分析】在 C#中，类是功能最强大的数据类型，类定义了数据类型的数据和行为，程序员可以创建类和实例对象。一般用结构存储多种类型的数据，结构是值类型。

【解答】结构是一个值类型，保存在栈上，而类是一个引用类型，保存在受管制的堆上；对结构中的数据进行操作比对类或对象中的数据进行操作速度要快；结构不能被继承而类可以；结构与类的内部结构不同。

6．什么是命名空间？命名空间和类库的关系是什么？

【分析】“命名空间”也称“名称空间”，是 VS.NET 中的各种语言使用的一种代码组织的形式。通过名称空间来分类，区别不同的代码功能，同时也是 VS.NET 中所有类的完全名称的一部分。类库就是类的集合。

【解答】命名空间是对类的一种逻辑上的分组，即将类按照某种关系或联系划分到不同的命名空间下；命名空间又可以包含其他的命名空间，例如，System.Windows.Forms 是指 System 命名空间下有 Windows 命名空间，Windows 命名空间下有 Forms 命名空间；所有类库都在规定的命名空间下。

7．简述 C#中的虚方法。

【解答】使用 virtual 关键字修饰的方法就是虚方法，virtual 关键字用于修饰属性、方法、索引器或事件声明，并使它们可以在派生类中被重写。虚方法必须并提供派生类覆盖该方法的选项，并且必须有实现部分。虚方法的作用是可以在派生类中被重写。

8．C#提供一个默认的无参数构造函数，当已有一个带参数的构造函数时，还要保留无参数的构造函数，应该写几个构造函数？

【解答】两个。一旦实现了一个构造函数，C#就不会再提供默认的构造函数了，所以需要手动实现那个无参数构造函数。

9．简述 C#派生类中的构造函数。

【分析】派生类中的对象不但包含了从基类继承的成员对象，也包含了局部定义的成员对象。这时在基类中有构造函数，在派生类中也有构造函数，当创建派生类对象时，到底运行的是哪些构造函数呢？

【解答】使用 C#派生类中的构造函数时，需要注意关键字 base 和 this 的区别，关键字 base 表示调用基类中的构造函数，而 this 表示调用本类中的构造函数。

10．重载（overload）和覆写（override）有什么区别？

【解答】重载提供了对一个方法签名的不同参数调用的实现。覆写提供了子类中改变父类方法行为的实现。

11．接口和抽象类的区别是什么？

【解答】接口中所有方法必须是抽象的，并且不能指定方法的访问修饰符。抽象类中可以有方法的实现，也可以指定方法的访问修饰符。

3.7　本章小结

本章主要讲述了 C#.NET 程序设计基础，包括顺序结构程序设计、选择结构程序设计、循环结构程序设计、面向对象程序设计，异常处理及常见技术问题与分析解答。

1．填空题

（1）________运算符将左右操作数相加的结果赋值给左操作数。

（2）在 C#语言中，实现循环的主要语句有 while、do…while、for 和________语句。

（3）声明为________的一个类成员，只有定义这些成员的类的方法能够访问。

（4）在异常处理结构中，对异常处理的代码应放在________块中。

（5）面向对象语言都应至少具有的三个特性是封装、________和多态。

（6）在 do…while 循环结构中，循环体至少要执行________次。

（7）在循环结构中，continue 语句的作用是________。

（8）在 switch 语句中，每个语句标号所含关键字 case 后面的表达式必须是________。
（9）Console.WriteLine(“RP”);和 Console.Write(“RP”);的区别是________。
（10）在实例化类对象时，系统自动调用该类的________进行初始化。

2．选择题

（1）关于如下程序结构的描述中，________是正确的。

```
for ( ;  ;  )
{  循环语句;   }
```

A．不执行循环语句　　B．一直执行循环语句，即死循环
C．执行循环语句一次　　D．程序不符合语法要求
（2）面向对象编程中的“继承”的概念是指________。
A．派生自同一个基类的不同类的对象具有一些共同特征
B．对象之间通过消息进行交互
C．对象的内部细节被隐藏
D．派生类对象可以不受限制地访问所有的基类对象
（3）下列语句在控制台上的输出是________。

```
if(true)
    System.Console.WriteLine("FirstMessage");
    System.Console.WriteLine("SecondMessage");
```

A．无输出　　B．FirstMessage
C．SecondMessage　　D．FirstMessage SecondMessage
（4）下列关于 C#面向对象应用的描述中，________是正确的。
A．派生类是基类的扩展，派生类可以添加新的成员，也可去掉已经继承的成员
B．abstract 方法的声明必须同时实现
C．声明为 sealed 的类不能被继承
D．接口像类一样，可以定义并实现方法
（5）C#中 TestClass 为一自定义类，其中有以下属性定义：

```
public void Property{…}
```

使用以下语句创建了该类的对象，并使变量 obj 引用该对象：

```
TestClass obj = new TestClass();
```

那么，可通过________方式访问类 TestClass 的 Property 属性。
A．Obj,Property　　B．MyClass.Property
C．obj :: Property　　D．obj.Property ()
（6）一般情况下，异常类存放在________命名空间中。
A．System.Exception 命名空间　　B．生成异常类所在的命名空间
C．System.Diagnostics 命名空间　　D．System 命名空间
（7）在 C#中创建类的实例需要使用的关键字是________。
A．this　　B．base　　C．new　　D．as
（8）在 C#语言中，方法重载的主要方式有两种，包括________和参数类型不同的重载。

A．参数名称不同的重载　　　　　　　　　　B．返回类型不同的重载
C．方法名不同的重载　　　　　　　　　　　D．参数个数不同的重载

（9）在下面循环语句中循环语句执行的次数为______。

```
for(int i=0; i<n; i++)
   if(i>n/2) break;
```

A．n/2　　　　B．n/2+1　　　　C．n/2-1　　　　D．n-1

3．判断题

（1）switch 语句中必须有 default 标签。
（2）下列语句是否正确：for(int i=0 , i<10 , i++)　Console.WriteLine(i);
（3）foreach 语句既可以用来遍历数组中的元素，又可以改变数据元素的值。
（4）在结构化异常处理语句 try…catch…finally 中，finally 块的内容可以执行也可以不执行。
（5）在控制台应用程序中，若想从键盘上输入数据，可以使用 Console.Read()和 Console.ReadLine()方法。
（6）方法头包括方法名称、可选的传入形式参数和方法的返回类型。
（7）方法 ConsoleW(int　_value)是方法 ConsoleW(string　_value)的重载。
（8）for 循环只能用于循环次数已经确定的情况。
（9）构造函数的名称与类名称一样。
（10）异常类对象均为 System.Exception 类或其子类的对象。

4．简答题

（1）什么是异常？异常有什么作用？
（2）C#定义了哪几种类的访问修饰符？
（3）简述面向对象的思想的三个基本特征。
（4）C#方法有哪 4 种类型的参数？
（5）构造函数有哪些特征？

5．程序运行题

（1）写出下面程序的运行结果。

```
class Program
{
   static void Main(string[] args)
   {
      MyClass m = new MyClass();
      int[] s ={ 34, 23, 65, 67, 54, 98, 6, 56 };
      m.Array(s);
      for(int i=0;i<s.Length ;i++)
      {
         Console .Write("{0}",s [i]);
      }
      Console .ReadLine ();
   }
}
```

```
class MyClass
{
   public void Array(int[] a)
    {
        for (int i = 0; i < a.Length; i++)
        {
            a[i] = i;
         }
    }
}
```

（2）写出下面程序的运行结果。

```
class Program
{
    static void Main(string[] args)
    {
        int i = 0, sum = 0;
        do
        {
            sum++;
        }
        while (i > 0);
        Console.WriteLine("sum = {0}", sum);
    }
}
```

（3）写出下面程序的运行结果。

```
static void Main(string[] args)
{
    int a=2, b=7, c=5;
    switch (a > 0)
    {
        case  true :
            switch (b < 10)
            {
                case true: Console.Write("^"); break;
                case false: Console.Write("!"); break;
            }
            break;
        case false :
            switch (c == 5)
            {
                case false: Console.Write("*"); break;
                case true: Console.Write("#"); break;
            }
            break;
    }
    Console.Read();
}
```

（4）写出下面程序的运行结果。

```
static void Main(string[] args)
{
    try
    {
        int x = Convert.ToInt32(Console.ReadLine());
        int y = Convert.ToInt32(Console.ReadLine());
        int z = x / y;
```

```
        }
        catch (FormatException)
        {
            Console.WriteLine("格式不符");
        }
        catch (DivideByZeroException)
        {
            Console.WriteLine("除数不能是 0");
        }
        catch (Exception)
        {
            Console.WriteLine("Exception!");
        }
        finally
        {
            Console.WriteLine("thank you for using the program!");
        }
        Console.ReadLine();
    }
```

假设分别从键盘上输入 5 和 x。

6．上机实操题

（1）编写一个控制台应用程序，购物中心为了答谢广大客户，推出抽奖活动。凡具有一定积分（积分大于 3000）的会员均有机会获奖，一等奖为笔记本电脑一台，二等奖为手机一部，三等奖为 MP3 5 部，其他则赠送精美挂历一份。

提示：定义存储会员号的变量；判断会员号是不是四位，如果不是，则给出提示，如果是，则判断该会员号的积分是否满 3000 分，如果不满 3000 分，则不能参加抽奖，如果满 3000 分，则可以抽奖；根据抽到的奖项，提示相应的奖品。

（2）编写一个控制台应用程序，求班级 C#课程的平均分。

提示：定义保存分数、总和、班级号、学生数、平均分等的变量；输入班级号；输入学生数；输入第 i 个学生的分数；累加到总和中；重复前边两个步骤，直到全部学生的分数累加完毕；求平均分；输出平均分。

（3）编写一个控制台应用程序，某网站用户注册时需填写邮箱地址，为了保证输入的邮箱地址合法，需要对用户输入的电子邮箱地址的格式进行判断，要求格式化必须正确，如果不正确就要求用户重新输入。

提示：定义变量；初始化变量；输入邮箱地址；通过 foreach 语句依次判断邮箱地址中是否有关键性字符“@”和“.”；如果没有，重新输入邮箱地址；如果判断输入正确，则输出该邮箱地址。

（4）编写一个控制台应用程序，某班级举行了一次跳绳团体比赛，比赛分 5 个小队，每个队 3 名成员。要求循环输入每个队每名成员的成绩，然后计算每个队的平均分。

提示：定义保存成果、总和、平均分、i、j 等变量；初始化变量；外层循环开始，i 为循环控制变量；和清零；内层循环开始，j 为循环控制变量；输入每个队员的成绩；累加求和；内层循环结束；求平均分；输出平均分；外层循环结束。

（5）编写一个控制台应用程序，定义水果类 Fruit，在类中定义字段、属性和虚方法；由基类 Fruit 创建派生类 Apple 和 Orange，在派生类中实现方法重载；在程序中实例化类的对象并且调用类的方法。

提示：定义基类 Fruit；为基类 Fruit 添加字段、属性和方法；定义派生类 Apple 和 Orange，在其中重写基类的构造函数和虚拟方法；在程序主方法中实例化类的对象，调用方法输出水果的重量。

（6）编写一个窗体应用程序，从文本框输入一个年份，判断它是否是闰年，要求对异常进行处理。

（7）编写一个窗体应用程序，从文本框输入一个整数，判断它是否在一组随机整数中，若在则显示输出其所在的序号，若不在则显示“不存在”。

提示：用文本框输入数组大小，用 Random()产生各数组元素。

（8）编写一个窗体应用程序，设计一个 person 类，包含姓名（name）；血型（blood）；创建一个 person 对象 p 如下：person p=new person(“江涛”,“AB”)。使用 printname 方法将姓名显示出来，使用 printblood 方法将血型显示出来。

提示：可以用 MessageBox 完成显示。

第 4 章 C#.NET 窗体与控件

4.1 Windows 窗体

Windows 窗体是以.NET Framework 为基础的一个平台，主要用来开发 Windows 窗体应用程序，一个 Windows 窗体应用程序通常由窗体对象和控件对象构成。在创建 Windows 窗体应用程序项目时，Visual Studio 2010 会自动提供一个窗体，其组成结构如图 4.1 所示。

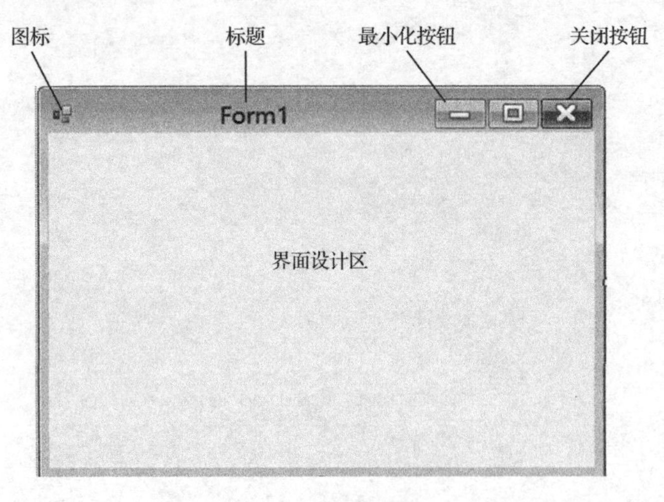

图 4.1　窗体结构图

在创建 Windows 应用程序时，Visual Studio 2010 会将窗体文件命名为 Form1.cs，建议将其更换为能够描述程序用途的名称。在“解决方案资源管理器”中选择文件 Form1.cs，在“属性窗口”中显示出相应文件属性，双击“文件名”属性框的右侧区域，输入新的文件名。也可以直接在“解决方案资源管理器”中右击文件 Form1.cs，在弹出的快捷菜单中选择“重命名”选项，输入新的文件名。

1. Form 常用属性

Form 常用属性见表 4.1。

表 4.1　Form 常用属性

属性名称	说　明
BackColor	获取或设置窗体的背景颜色
BackgroundImage	获取或设置窗体的背景图片
ControlBox	获取或设置窗体上的鼠标移动光标形状
Enable	获取或设置窗体是否是可用，默认值为 True
Font	获取或设置窗体上的字体，包括字体的大小、形状等
ForeColor	获取或设置窗体上显示文字的颜色
FormBorderStyle	获取或设置窗体边框及标题栏的外观
Icon	设置窗体标题栏上的图标
MaxmizeBox	用来控制窗体最大化按钮，默认值为 True；表示窗体支持最大化，False 表示不支持最大化
MinimizeBox	用来控制窗体最小化按钮，默认值为 True；表示窗体支持最小化，False 表示不支持最小化
ShowIcon	指示窗体标题栏中的图标是否显示，True 表示显示，否则表示隐藏
Size	获取或设置窗体在计算机屏幕上启动的位置。属性值 CenterParent：窗体在其父窗体中居中；属性值 CenterScreen：窗体在当前显示窗口中居中，其尺寸在窗体大小中指定；属性值 Manual：窗体的位置由 Location 属性确定；属性值 WindowsDefaultBounds：窗体定位在 Windows 默认位置，其边界也由 Windows 默认决定；属性值 WindowsDefaultLocation：窗体定位在 Windows 默认位置，其尺寸在窗体大小中指定
Text	获取或设置窗体标题栏标题内容
WindowState	获取或设置窗体状态，分为正常（Normal）、最大化（Maximized）、最小化（Minimized）

设置属性值有两种方式：一种是在程序设计时，利用属性窗口设置；另一种是在程序运行时，通过编写代码实现，其一般格式如下所示。

```
对象名.属性名 = 属性值;
```

2．Form 常用事件

Form 常用事件见表 4.2。

表 4.2　Form 常用事件

事件名称	说　明
Activated	当使用代码激活或用户激活窗体时发生
Click	在单击控件时发生
Closed	关闭窗体后发生
Closing	在关闭窗体时发生
Deactivate	当窗体失去焦点并不再是活动窗体时发生
DoubleClick	当双击时发生

续表

事件名称	说明
FormClosed	关闭窗体后发生
FormClosing	关闭窗体前发生
GotFocus	在控件接收焦点时发生
KeyDown	在控件有焦点的情况下按下键时发生
KeyPress	在控件有焦点的情况下按键时发生
KeyUp	在控件有焦点的情况下释放键时发生
Leave	在输入焦点离开控件时发生
Load	在第一次显示窗体前发生
LostFocus	当控件失去焦点时发生
Move	在移动控件时发生
Paint	在重绘控件时发生

要为窗体对象添加事件处理程序，首先在设计窗口选中窗体对象，然后在属性窗口的事件列表中找到相应的事件并双击它，即可在代码窗口看到该窗体的事件处理程序。

以 Form1 的 Load 事件为例，其事件处理程序的格式为

```
private void Form1_Load(object sender, EventArgs e)
{
        // 程序代码
}
```

其中，Form1_Load 是事件处理程序的名称，所有对象的事件处理程序默认名称都是对象名_事件名；所有对象的事件处理程序都具有 sender 和 e 两个参数，参数 sender 代表事件的源，参数 e 代表与事件相关的数据。

3．Form 主要方法

Form 主要方法见表 4.3。

表 4.3 Form 主要方法

方法名称	说明
Close()	关闭窗体
Hide()	隐藏窗体
Show()	以非模式化的方式显示窗体
ShowDialog()	以模式化的方式显示窗体

关闭窗体是将窗体彻底销毁，之后无法对窗体进行任何操作；隐藏窗体只是使窗体不显示，可以使用 Show()或 ShowDialog()方法使窗体重新显示。

非模式窗体，可在窗体之间随意切换；模式窗体，在其关闭或隐藏前无法切换到该应用程序的其他窗体。

调用方法的一般格式为

```
对象名.方法名(参数列表);
```

要对调用语句所在的窗体调用方法，则用表示当前类的对象 this 关键字代替对象名，即

```
this.方法名(参数列表);
```

4.2　Label 控件

Label（标签）控件的功能是显示不能编辑的文本信息，一般用于在窗体上进行文字说明。标签有 AutoSize（自动尺寸）、BackColor（背景色）、BorderStyle（边框）、Enabled（可用）、Font（字体）、Image（图像）、Locked（锁定）、Name（名称）、Size（尺寸）、Text（文本）、TextAlign（文本排列）、Visible（可见）等属性见表 4.4。

表 4.4　Label 常用属性

属 性 名 称	说　明
Name	设置 Label 控件的名称
Text	设置要显示的字符串
TextAlign	设置 Text 文本排列方式，默认值是 TopLeft
Image	设置在标签上显示的图像
AutoSize	设置标签文本能否根据文本大小自动调整标签大小
BorderStyle	设置标签的边框样式，默认值为 None（无边框）
Visible	设置标签是否可见

在 Label 的属性窗口中设置 Image 属性时，单击该属性条，右端出现“...”按钮后单击，会弹出“选择资源”对话框，如图 4.2 所示。

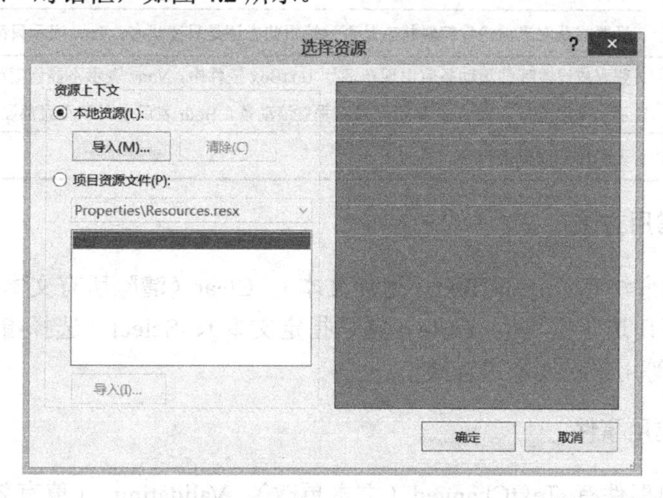

图 4.2　“选择资源”对话框

在“选择资源”对话框中，根据需要选中“本地资源”或“项目资源文件”单选按钮，然后单击对应的“导入”按钮，在弹出的“打开”对话框中选择所需的图像文件即可。

在程序运行时设置 Image 属性，可使用 Image 类的静态方法 FromFile，其格式如下：

```
对象名.Image=Image.FromFile(“图像文件路径或 URL”);
```

通过设置 Label 控件的 BackColor（背景色）、ForeColor（前景色）、Font（字体）等属性来改变 Label 控件的其他外观；通过设置 Location（位置）、Locked（锁定）、Size（尺寸）等属性来影响 Label 控件的位置和尺寸。

4.3 TextBox 控件

TextBox（文本框）控件，接收用户输入的信息，或显示系统提供的文本信息，是窗体界面上的主要输入输出对象。在程序运行时，用户可以在文本框中编辑文本。

文本框有 Name、BorderStyle、Enabled、Font、Location、Locked、Size、Text、TextAlign、Visible 等与标签相同的属性；还有自己特有的属性，如 MaxLength（最大长度）、Multiline（多行）、PasswordChar（密码字符）、ReadOnly（只读）、ScrollBars（滚动条）等。

1. TextBox 特有属性

TextBox 特有属性见表 4.5。

表 4.5 TextBox 特有属性

属性名称	说明
MaxLength	指示控件允许最大输入字符数，默认值为 0，表示没有长度限制
Multiline	表示控件是否允许多行编辑，True 表示允许，False 表示不允许
PasswordChar	指示当前文本框为单行密码框，并设置其显示密码的字符，例如，“*”或其他的字符作为密码显示字符
ReadOnly	设置或获取当前控件编辑状态是否为编辑状态还是只读状态，True 表示只读，False 表示编辑状态
ScrollBars	获取或设置哪些滚动条应出现在多行 TextBox 控件中。None 表示不显示滚动条，Horizontal 表示只显示水平滚动条，Vertical 表示只显示垂直滚动条，Both 表示水平和垂直都显示
Text	表示控件编辑的内容

2. TextBox 常用方法

文本框常用的方法有 AppendText（追加文本）、Clear（清除所有文本）、Copy（复制选定文本）、Cut（剪切选定文本）、Paste（粘贴指定文本）、Select（选择指定范围的文本）、SelectAll（全选）等用来对文本进行操作。

3. TextBox 常用事件

文本框常用的事件有 TextChanged（文本更改）、Validating （值有效性）、 KeyDown（按下键）、KeyUp（释放键）、KeyPress（按下并释放键）、MouseDown（按下鼠标按钮）、MouseUp（释放鼠标按钮）、MouseMove（鼠标指针移过）等。

例如：

```
Private void  TextBox_TextChanged(object sender, EventArgs e)
{
      事件体                                  //用来监视文本变化
}
Private void  TextBox_Validating(object sender, CancelEventArgs e)
{
      事件体                                  //用于验证文本框里值的有效性
}
```

4.4　Button 控件

窗体应用程序中使用最多的控件对象之一就有 Button 命令按钮，常用来接收用户的操作信息，激发相应的事件。

命令按钮常用属性有 Name（名称）、AutoSize（自动尺寸）、BackColor（背景色）、Enabled（可用）、Font（字体）、ForeColor（前景色）、Image（图像）、Location（位置）、Locked（锁定）、Size（尺寸）、Text（文本）、TextAlign（文本排列）、Visible（可见）等。命令按钮特有属性有 FlatStyle（平面样式）、Image（图像）等。

1．Button 特有属性

Button 特有属性见表 4.6。

表 4.6　Button 特有属性

属 性 名 称	说　明
FlatStyle	获取或设置按钮控件的平面样式外观，属性值为 Flat 时，该控件以平面显示；属性值为 Popup 时，该控件以平面显示，直到鼠标指针移动到该控件为止，此时该控件外观为三维；属性值为 Standard 时，该控件外观为三维；属性值为 System 时，该控件的外观由用户的操作系统决定
Image	按钮上面显示的图片，需要指定图片的来源

2．Button 常用事件

当用户单击按钮时，将触发命令按钮的 Click 事件，具体格式如下：

```
Private void  Button_Click(object  sender ,  EventArgs  e)
{
      事件体
}
```

4.5　PictureBox 控件

PictureBox 图片框控件常用来显示一幅图片，可以显示.bmp（位图）、.ico（图标）、.jpg、.gif、.mf（图元文件）、.emf（增强型图元文件）等图像文件。

PictureBox 中，与显示图片相关的属性主要有四个——Image（图像）、ImageLocation（图像位置)、SizeMode(尺寸大小)、BorderStyle(边框样式)。

1. 图像及其位置

PictureBox 的 Image 属性用于设置要显示的图像，可以在设计时通过属性窗口实现，也可以在运行时通过代码窗口实现，还可以通过属性窗口和代码窗口结合来实现为 PictureBox 控件加载图像。ImageLocation 属性用于设置要显示的图像的路径或 URL。

1)在属性窗口进行设置

在属性窗口中单击 Image 属性右侧的小按钮，在弹出的“选择资源”对话框中指定好图像文件，就可将其加载到 PictureBox 控件中显示；或者将 ImageLocation 属性设置为要在 PictureBox 中显示的图像文件的路径或 URL，设计时不显示图像，但运行时会显示。

2)在代码窗口中进行设置

运行时，在代码窗口，可通过以下四种方法加载图像。

(1)设置 PictureBox 控件的 Image 属性，其格式为

```
图片框名.Image = Image.FromFile(@"文件路径"); 或
图片框名.Image = new Bitmap(@"文件路径");
```

“@”符号是转义符，对整个字符串中的所有特殊字符进行转义。文件路径中的“\”符号也是转义符，是对其后的单个字符转义。例如：

```
@"d:\My Pictures\Images\Pic1.jpg" ;  等价于
"d:\\My Picturet\\Images\\Pic1.jpg";
```

(2)设置 PictureBox 控件的 ImageLocation 属性，格式为

```
图片框名.ImageLocation = @"文件路径或URL";
```

(3)用 PictureBox 控件的带参数的 Load 方法加载图像，格式为

```
图片框名.Load @"文件路径或URL";
```

(4)设置 PictureBox 控件的 ImageLocation 属性，并用不带参数的 Load 方法加载图像，格式为

```
图片框名.ImageLocation = @"文件路径或URL";
图片框名.Load();
```

3)利用属性窗口与代码窗口的结合进行设置

在属性窗口设置 ImageLocation 属性；在代码窗口用不带参数的 Load 方法加载图像。

2. 设置图像大小

SizeMode 属性不仅可以设置图像大小及位置关系，还可能会影响 PictureBox 控件的大小，其值为枚举类型，共有 5 个成员见表 4.7。

表 4.7 PictureBoxSizeMode 枚举成员

成员名称	说　明
Normal	图像保持其原始尺寸，被置于 PictureBox 的左上角。如果图像比包含它的 PictureBox 大，则该图像将被剪裁掉

续表

成员名称	说　明
StrechImage	PictureBox 中的图像被拉伸或收缩，以按 PictureBox 的大小完整填充显示在其中
AutoSize	调整 PictureBox 大小，使其等于所包含的图像大小来显示完整图像
CenterImage	如果 PictureBox 比图像大，则图像将居中显示；如果图像比 PictureBox 大，则图像将居于 PictureBox 中心，而外边缘将被剪裁掉
Zoom	图像大小按其原有的大小比例被增加或减小，使图像的高度或宽度与 PictureBox 相等

BorderStyle 属性值有 None、FixedSingle 与 Fixed3D 三个枚举类型成员。其中，None 是默认值，表示没有边框；FixedSingle 表示单线边框；Fixed3D 表示三维立体边框。

【例 4-1】 用 Button 和 PictureBox 控件，设计一个按原始比例展示多幅图片的 Windows 窗体应用程序。要求：运用多种方法加载图片，单击 Button，在 PictureBox 中显示相应图片。程序运行结果如图 4.3 所示。

图 4.3　程序运行结果

具体步骤：

（1）设计界面。新建一个 C#的 Windows 窗体应用程序，项目名称设置为 PicBox，项目所用到的图片放在 PicBox\bin\debug\pic 文件夹里，向窗体中添加 1 个图片框（PictureBox）、4 个命令按钮（Button），按图 4.3 所示进行相应窗体和控件的设置和调整。

（2）设置属性。窗体和控件的属性见表 4.8。

表 4.8　例 4-1 对象的属性设置

对　象	属 性 名	属 性 值
Form1	Text	图片展示
	MaximizeBox	False
PictureBox1	Image	\pic\风扇.png
	SizeMode	AutoSize
	BorderStyle	Fixed3D
button1～button4	Text	风扇、水杯、水果、风景

（3）编写代码。双击 button1～button4，在 Click 事件处理程序中添加相应代码：

```
private void button1_Click(object sender, EventArgs e)
{
    pictureBox1.Load("pic\\风扇.png");
}
private void button2_Click(object sender, EventArgs e)
{
    pictureBox1.ImageLocation = "pic\\水杯.png";
    pictureBox1.Load();
}
private void button3_Click(object sender, EventArgs e)
{
    pictureBox1.Image = new Bitmap("pic\\水果.png");
}
private void button4_Click(object sender, EventArgs e)
{
    pictureBox1.Load(@"pic\风景.png");
}
```

（4）运行程序，查看结果。

4.6 ImageList 组件

组件是指可重复使用且可以和其他对象进行交互的对象，组件有可视化和非可视化之分。一般，可视化组件拖动后在窗体界面上，非可视化组件拖动后在组件面板上。每个控件都是组件，但不是每个组件都是控件。通常，将可视化组件称为控件，将非可视化组件称为组件。

ImageList 图像列表组件不显示在窗体界面上，是一个图片容器，用于保存一些图像文件，这些图像文件和 ImageList 组件随后被项目中的其他对象如 Label、Button 等使用。

1. 常用属性

ImageList 组件的常用属性有 Name（名称）、Images（图像集合）、ImageSize（图像尺寸）等，如表 4.9 所示。

表 4.9　ImageList 常用属性

属 性 名 称	说　明
Images	所有图像组成的集合
ImageSize	每个图像的大小（高度和宽度），有效值为 1～256

ImageList 组件的 Images 属性包含关联的控件将要使用的图像，图像的数量可以通过 Images 集合的 Count 属性获取，每个单独的图像可以通过其索引值或键值来访问。

例如，要获取 imageList1 的第 2 个图像（假设文件名为 photo2.png），可以使用以下代码：

```
imageList1.Images[1]或 imageList1.Images["photo2.png"];
```

要获取其键值，可以使用代码：

```
imageList1.Images.Keys[1];
```

要获取其索引值，可以使用代码：

```
imageList1.Images.IndesOfKey["photo2.png"];
```

2. 可关联的控件

可与 ImageList 组件关联的常用控件包括 Label、Button、CheckBox（复选框）、RadioButton（单选按钮）、TabControl（选项卡）控件。一个 ImageList 组件可与多个控件相关联。

要使一个控件与 ImageList 组件关联并显示关联的图像，首先将该控件的 ImageList 属性设置为 ImageList 组件的名称，然后将该控件的 ImageIndex（图像索引，即从 0 开始的整数）或 ImageKey（图像键，即图像文件名）属性设置为要显示的图像的索引值或键值。

例如，用标签 Label1 关联并显示 imageList1 中的第 2 幅图“风景.png”，则代码如下：

```
label1.ImagesIndex=1;
或
label1.ImagesKey="水杯.png";
```

【例 4-2】 利用 ImageList 组件和 Label、Button 控件实现图片展示。程序运行结果如图 4.4 所示。

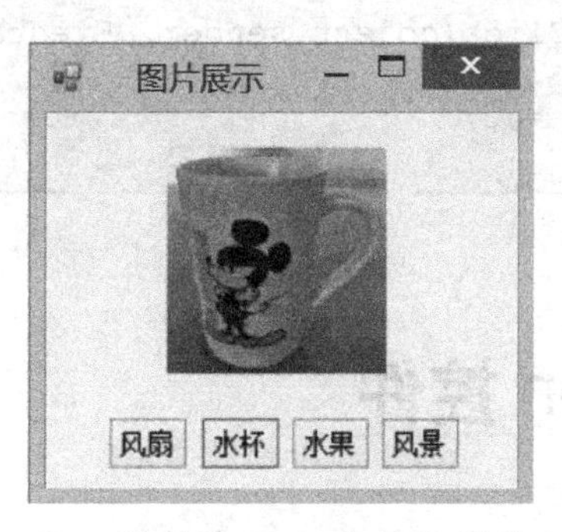

图 4.4　程序运行结果

具体操作：

（1）设计界面。新建一个 C#的 Windows 窗体应用程序，项目名称设置为 ImageListApp，向窗体中添加 1 个标签（Label）、5 个单选按钮（RadioButton）。在 ImageList 中放置多幅图片，图片大小为 100×100，所有图片放置在\ImageListApp\bin\debug\pic 中。按图 4.4 所示进行相应窗体和控件的设置和调整。

（2）设置属性。窗体和控件的属性见表 4.10。

表 4.10　例 4-2 对象的属性设置

对　象	属 性 名	属 性 值
label1	Name	lblPic
	AutoSize	False
	Image	水杯.png
	ImageAlign	MiddleCenter
	ImageList	imageList1

续表

对　象	属 性 名	属 性 值
	ImageKey	水杯.png
button1～button4	Text	风扇、水杯、水果、风景
imageList	Images	添加 4 幅图片

（3）在 button1～button4 的 Click 事件编写代码如下：

```
private void button1_Click(object sender, EventArgs e)
{
    Label1.ImageKey = "风扇.png";
}
private void button2_Click(object sender, EventArgs e)
{
    Label1.ImageIndex = 1;
}
private void button3_Click(object sender, EventArgs e)
{
    Label1.ImageIndex = 2;
}
private void button4_Click(object sender, EventArgs e)
{
    Label1.ImageIndex = 3;
}
```

（4）运行程序，查看结果。

4.7　RadioButton 控件

RadioButton（单选按钮）控件通常作为一组来使用，是一种“多选一”的控件，主要功能是从多个列出的选项中选择一个选项供用户选择，同一选项组中的各个选项是不相同的。RadioButton 控件未选中时，其左侧是一个空心的小圆圈“○”，选中后小圆圈中会出现一个黑点“⊙”。

1．常用属性

RadioButton 控件除了 Name、Enabled、Font、ForeColor、Text、Visible 等常用属性外，自己特有的属性有 AutoCheck（自动选择）、CheckAlign（选框位置）、Checked（是否选中）等，见表 4.11。

表 4.11　RadioButton 特有属性

属 性 名 称	说　明
AutoCheck	获取或设置单选按钮在单击时是否自动更改状态，默认值为 true
CheckAlign	获取或设置可选框○在单选按钮控件中的位置，默认值为 MiddleLeft，即水平靠左、垂直居中
Checked	获取或设置单选按钮是否选中，默认值为 false，即未选中

RadioButton 控件通常放置在 GroupBox 控件中。添加 GroupBox 控件到窗体后，选中

GroupBox 控件，此时双击工具箱中的 RadioButton，单选按钮会自动添加到 GroupBox 控件中。

2. 常用事件

RadioButton 控件的常用事件有 CheckedChanged 和 Click，见表 4.12。

表 4.12　RadioButton 常用事件

事 件 名 称	说　明
CheckedChanged	Checked 属性值改变后触发
Click	单击时触发

注意：连续单击一个之前未被选中的单选按钮两次或多次，只将 Checked 属性值由 false 变为 true，触发一次 CheckedChanged 事件；而连续单击一个已经选中的单选按钮，不会改变 Checked 属性值，即不会触发 CheckedChanged 事件。

如果被单击单选按钮的 AutoCheck 属性值为 false，该单选按钮不会被选中，则只会触发 Click 事件，不会触发 CheckedChanged 事件。

【例 4-3】 用 RadioButton 实现加、减、乘、除四则运算。程序运行结果如图 4.5 所示。

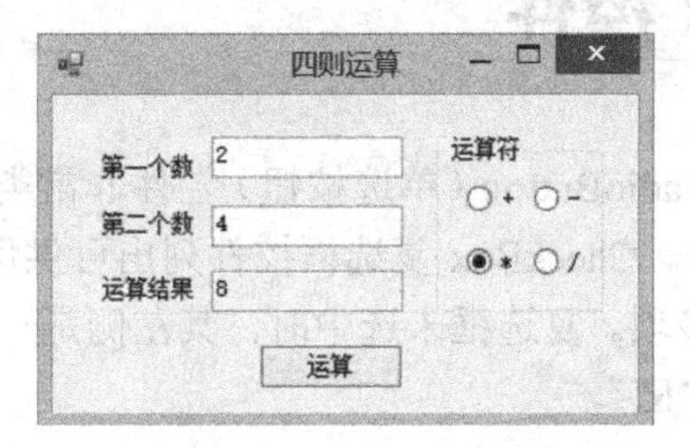

图 4.5　程序运行结果

具体步骤：

（1）设计界面。新建一个 C#的 Windows 窗体应用程序，项目名称设置为 RadioArithmetic，向窗体中添加 3 个标签（Label）、3 个文本框（TextBox）、1 个分组框（GroupBox）、4 个单选按钮（RadioButton）、4 个命令按钮（Button）。用于输入数据的两个 TextBox 若为空，则提示“需输入数据”，不为空（假定输入为数据）时，根据所选运算符可进行相应运算，并显示出运算结果。按图 4.5 所示进行相应窗体和控件的设置和调整。

（2）设置属性。窗体和控件的属性设置见表 4.13 所示。

表 4.13　例 4-2 对象的属性设置

对　象	属 性 名	属 性 值
Form1	Text	四则运算
label1～label3	Text	第一个数、第二个数、运算结果
groupBox	Text	运算符
radioButton1～radioButton4	Text	+、-、*、/
radioButton1	Checked	True
button1	Text	计算

（3）编写代码。双击 button1 在 Click 事件处理程序中添加相应代码：

```
private void button1_Click(object sender, EventArgs e)
{
    double a=0, b=0, c=0;
    if (textBox1.Text != "" && textBox2.Text != "")
    {
        a = Convert.ToDouble(textBox1.Text);
        b = Convert.ToDouble(textBox2.Text);
        if (radioButton1.Checked) c = a + b;
        if (radioButton2.Checked) c = a - b;
        if (radioButton3.Checked) c = a * b;
        if (radioButton4.Checked) c = a / b;
        textBox3.Text = Math.Round (c,2).ToString();
    }
    else
        MessageBox.Show("需输入数据", "提示");
}
```

（4）运行程序，查看结果。

4.8 CheckBox 控件

CheckBox（复选框）与 RadioButton（单选按钮）控件非常类似，也是以组的形式存在的，通常也会放置在 GroupBox 中。CheckBox 复选框控件列出可供用户选择的选项，根据需要用户可从选项组中选择一项或多项。复选框未选中时，其左侧是一个空心的小方框“□”，选中后小方框中会出现一个对勾“☑”。

1. 常用属性

CheckBox 控件的常用属性有 AutoCheck（自动选择）、CheckAlign（选框位置）、Checked（是否选中），与 RadioButton 控件类似。CheckState（选择状态）和 ThreeState（是否允许三种状态）是其特有属性，见表 4.14。

表 4.14 CheckBox 特有属性

属性名称	说明
CheckState	获取或设置复选框的选择状态
ThreeState	获取或设置复选框是否会允许三种选择状态，而不是两种状态。默认值为 false

复选框有“未选中”、“选中”和“不确定”三种状态，对应 Unchecked、Checked 和 Indeterminate 三个属性值。复选框的 CheckState 属性与 Checked 属性相关联：当设置 CheckState 属性的值为 Unchecked 时，Checked 属性的值自动变为 false；当设置 CheckState 属性的值为 Checked 或 Indeterminate 时，Checked 属性的值自动变为 true。“不确定”状态的复选框，其左侧的可选框通常是灰色的，表示复选框的当前值无效。

ThreeState 属性取值为 false 时，在设计模式下 CheckState 属性可以取值为 Indeterminate；但在运行模式下，可以通过代码将 CheckState 属性值改为 Indeterminate 或将 ThreeState 属性值改为 true 来支持“不确定”状态。

2．常用事件

与 RadioButton 控件一样，CheckBox 控件也有 CheckedChanged 和 Click 事件。当复选框的 Checked 属性值改变后，触发 CheckedChanged 事件；当勾选复选框时，触发 Click 事件；当复选框的 CheckState 属性值改变后，触发 CheckStateChanged 事件。

每次勾选复选框时，都会触发 CheckStateChanged 和 Click 事件，但不会每次都触发 CheckedChanged 事件。当复选框的状态在“不确定”和“选中”之间切换时，Checked 属性值不变（值为 true），此时不会触发 CheckedChanged 事件。

【例 4-4】 编写一个 Windows 窗体应用程序，输入并确认学生的基本信息。程序运行结果如图 4.6 所示。

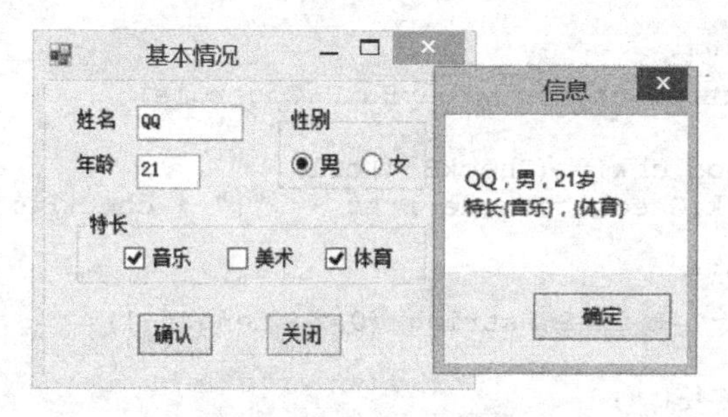

图 4.6　程序运行结果

具体步骤：

（1）设计界面。新建一个 C#的 Windows 窗体应用程序，项目名称设置为 CheckInfo，向窗体中添加 2 个标签（Label）、2 个文本框（TextBox）、2 个分组框（GroupBox）、2 个单选按钮（RadioButton）、3 个复选框（CheckBox）、2 个命令按钮（Button）。利用 TextBox、RadioButton 和 CheckBox 输入学生的基本信息，单击“确认”按钮，利用消息框输出信息；单击“关闭”按钮，结束程序运行。按图 4.6 所示进行相应窗体和控件的设置和调整。

（2）设置属性。窗体和控件的属性设置见表 4.15。

表 4.15　例 4-4 对象的属性设置

对　象	属 性 名	属 性 值
Form1	Text	基本情况
label1～label2	Text	姓名、年龄
groupBox1～groupBox2	Text	性别、爱好
radioButton1～radioButton2	Text	男、女
radioButton1	Checked	True
checkBox1～checkBox3	Text	音乐、美术、体育
button1、button2	Text	确认、关闭

（3）编写代码。双击 button1、button2 在 Click 事件处理程序中添加相应代码：

```
private void button1_Click(object sender, EventArgs e)
{
    string xx = textBox1.Text.Trim();
    if (xx == "")
    {
        MessageBox.Show("姓名不能为空！", "提示");
        return;
    }
    if (radioButton1.Checked)
        xx += ", 男";
    else
        xx += ", 女";
    if (textBox2.Text.Trim() != "")
        xx += ", " + textBox2.Text.Trim() + "岁";
    xx += "\n";
    string tc = "";
    foreach (Control ctl in groupBox2.Controls)
    {
           CheckBox chk = (CheckBox)ctl;
           if (chk.Checked==true ) tc += "{" + checkBox1.Text + "},";
    }
    if (tc != "")
        tc = "特长" + tc.Substring (0,tc.Length-1);
    else
        tc = "无特长！";
    xx += tc;
    MessageBox.Show(xx, "信息");
}
private void button2_Click(object sender, EventArgs e)
{
    this.Close();
}
```

（4）运行程序，查看结果。

4.9 GroupBox 控件

GroupBox（分组框）控件是容器控件，将功能类似的控件用框架框起来作为可识别的控件组，以提供视觉上的区分和美化装饰，便于总体上激活或屏蔽。通常，只需要设置 GroupBox 控件的 Text、Font 或 ForeColor 属性，用来说明框内控件的功能或作用。

4.10 TabControl 控件

TabControl（选项卡）控件用于显示多个选项卡页，每个选项卡页中可以放置包括 GroupBox 等容器控件在内的其他控件。利用 TabControl 控件来生成多页对话框，在 Windows 操作系统和常用软件中常常可见，如“新建文件夹属性”对话框，如图 4.7 所示。

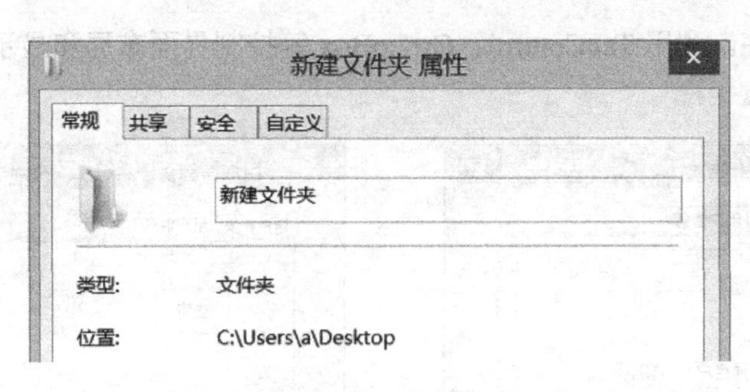

图 4.7 “新建文件夹属性”对话框

TabControl 控件除了 Name、Enabled、Font、Locked、Visible 等常用属性外，其特有属性见表 4.16。

表 4.16　TabControl 的特有属性

属 性 名 称	说　明
Alignment	设置选项卡条在控件中的显示位置，可取值 Top、Bottom、Left、Right，默认值为 Top
Appearance	设置选项卡条的显示方式，可取值 Normal、Buttons、FlatButtons，默认值为 Normal
Multiline	指示是否允许多行显示选项卡条，默认值为 False
RowCount	获取控件的选项卡条中当前显示的行数。Multiline 为 False 时，该属性值始终为 1
SelectedIndex	获取或设置当前选定的选项卡页的索引
SelectedTab	获取或设置当前选定的选项卡页
TabCount	获取控件中选项卡页的数目
TabPages	获取控件中选项卡页的集合，使用这个集合可以添加和删除 TabPage 对象

SelectedIndexChanged 是 TabControl 控件最常用的事件，当 SelectedIndex 属性值发生更改时触发，即切换选项卡页时触发。

一个 TabControl 对象里有多个 TabPage 选项卡页对象，TabPage 对象除了 Name、Font、Locked、Text 一般属性外，其特有属性见表 4.17。

表 4.17　TabPage 的特有属性

属 性 名 称	说　明
ImageIndex	设置选项卡页的标签上显示的图像的索引
ImageKey	设置选项卡页的标签上显示的图像的键，即图像文件
ToolTipText	当鼠标悬停在此选项卡页的标签上时显示的文本

要使选项卡页的标签显示图像，先要将 TabControl 控件的 ImageList 属性值设置为某个 ImageList 对象，再设置 TabPage 对象的 ImageIndex 或 ImageKey 属性值

【例 4-5】 设计一个 Windows 窗体应用程序。要求：在 TabControl 上有“用户登录”和“用户信息”两个选项卡，在“用户登录”选项卡中输入正确的用户名、密码和身份时，则系统切换到“用户信息”界面，并根据身份的不同分配不同的操作权限，否则会给出错误提示。在“用户信息”选项卡上，单击“注销登录”按钮，返回“用户登录”选项卡；单击“退出

系统”按钮结束程序。利用 TabControl、GroupBox 等控制界面布局和显示，程序设计界面如图 4.8 和图 4.9 所示。

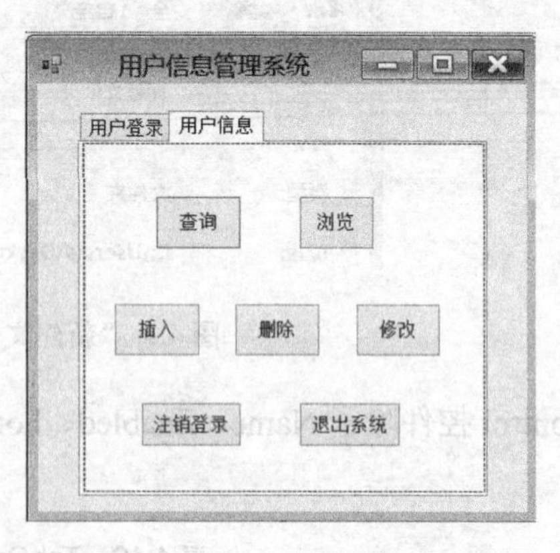

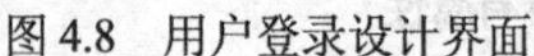

图 4.8 用户登录设计界面　　图 4.9 用户信息设计界面

具体步骤：

（1）设计界面。新建一个 C#的 Windows 窗体应用程序，项目名称设置为 TabConApp，向窗体中添加 1 个选项卡（TabControl），其有 2 个 tabPage，tabPage1 是用户登录，tabPage2 是用户信息，在各自选项卡上布局好界面。

“普通用户”单选按钮的 Checked 设为 True，“查询”复选框的 Checked 设为 True。普通用户只有“查询”权限，在“用户登录”选项卡上“查询”复选框打“√”，则在“用户信息”选项卡上只有“查询”命令按钮可用；管理员有所有权限，在“用户登录”选项卡上“查询”等所有复选框打“√”，则在“用户信息”选项卡上“查询”等命令按钮都可用。

（2）设置属性。窗体和控件的属性见表 4.18。

表 4.18　例 4-5 对象的属性设置

对　象	属 性 名	属 性 值
tabControl1	TabPages	tpLogn（Text：用户登录）、tpInfo（Text：用户信息）
label1、label2	Text	用户名、密码
groupBox1、groupBox2	Text	身份、权限
radioButton1、radioButton2	Name	radPTYH、radGLY
	Text	普通用户、管理员
radioButton1	Checked	True
checkBox1～checkBox5	Name	check1、check2、check3、check4、check5
	Text	查询、浏览、添加、删除、修改
checkBox1	Checked	True
button1～button9	Name	btnOk、btnCancel、btnQuery、btnBrowse、btnInsert、btnDelete、btnModify、btnLogout、btnExit
	Text	确定、取消、查询、浏览、添加、删除、修改、注销登录、退出系统

（3）在各事件中编写代码如下：

```
    string yhm, mm, sf;
    private void Form1_Load(object sender, EventArgs e)
    {
        yhm = mm = "";
        sf = radYH.Text;
    }
    private void btnOk_Click(object sender, EventArgs e)
    {
        yhm = textBox1.Text.Trim();
        mm = textBox2.Text.Trim();
        if (yhm == "ptyh" && mm == "ptyh" && sf == "普通用户")
        {
            tabControl1.SelectedTab = tpInfo;
            btnBrowse.Enabled  =  btnInsert.Enabled  =  btnDelete.Enabled  =
btnModify.Enabled = false;
        }
        else if (yhm == "gly" && mm == "gly" && sf == "管理员")
        {
            tabControl1.SelectedTab = tpInfo;
            btnBrowse.Enabled  =  btnInsert.Enabled  =  btnDelete.Enabled  =
btnModify.Enabled = true;
        }
        else
            MessageBox.Show("用户名或密码或身份错误", "登录失败");
    }
    private void radPTYH_CheckedChanged(object sender, EventArgs e)
    {
        if (radPTYH.Checked)
        {
            sf = radPTYH.Text;
            check2.Checked = check3.Checked = check4.Checked = check5.Checked =
false;
        }
    }
    private void radGLY_CheckedChanged(object sender, EventArgs e)
    {
        if (radGLY.Checked)
        {
            check2.Checked = check3.Checked = check4.Checked = check5.Checked =
true;
            sf = radGLY.Text;
        }
    }
    private void btnCancel_Click(object sender, EventArgs e)
    {
        this.Close();
    }
    private void btnLogout_Click(object sender, EventArgs e)
    {
        txtPwd.Text = txtUser.Text = "";
        radYH.Checked = true;
        tabControl1.SelectedTab = tpLogin;
    }
    private void btnExit_Click(object sender, EventArgs e)
    {
        this.Close();
    }
```

（4）运行程序，结果如图 4.10 和图 4.11 所示。

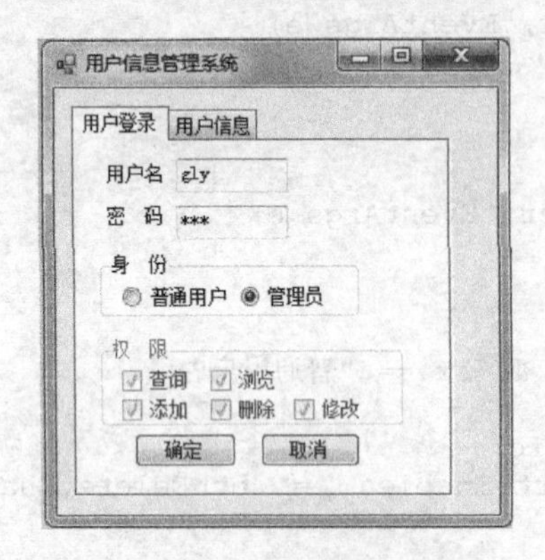

图 4.10 用户登录运行界面

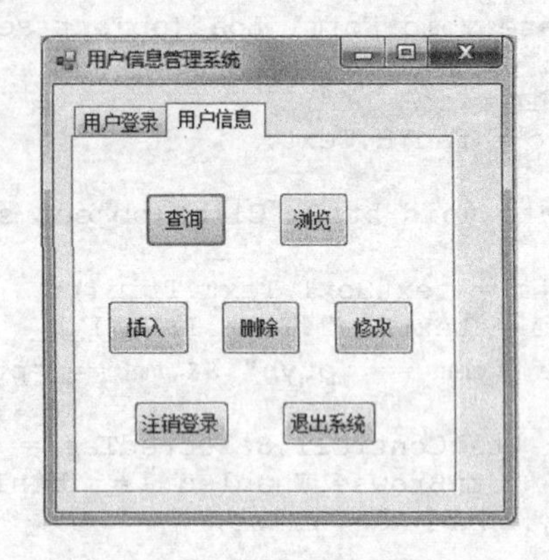

图 4.11 用户信息运行界面

4.11 ListBox 控件

ListBox（列表框）控件为用户提供可选的项目列表，用户可以从列表中选择一个或多个项目。当项目数目超过控件可显示的数目时，ListBox 控件上将自动出现滚动条。

1. 常用属性

ListBox 控件除了 Name、BackColor、BorderStyle、Enabled、Font、ForeColor、Location、Locked、Visible 等一般属性外，其特有属性见表 4.19。

表 4.19 ListBox 的特有属性

属性名称	说 明
ColumnWidth	指示包含多个列的列表框中各列的宽度
Items	列表框中所有项目的集合，可以用来增加、删除和修改项目
MultiColumn	是否允许多列显示；默认值为 false，单列显示项目，若项目数目超过可显示的数目，会自动出现垂直滚动条；若设为 true，则多列显示项目，多列宽度等于列表框宽度时，会自动出现水平滚动条
SelectedIndex	获取或设置列表框中当前选定项的索引（索引从 0 开始）；若未选定项目，其值为-1；若可以一次选择多个选项，其值是选定列表中的第一个选项的索引
SelectedIndices	获取列表框中当前选定项的索引的集合
SelectItem	获取或设置列表框中的当前选定项，其值是 object 类型；若列表框可以一次选择多个选项，其值是选定列表中的第一个选项；若当前没有选定项，其值为 null
SelectItems	获取列表框中当前选定项的集合
SelectionMode	指示列表框是单选选择、多项选择还是不可选择，其值是 SelectioneMode 枚举类型，共 4 个值：None，不能选择任何选项；One（默认值），一次只能选择一个选项；MultiSimple，可以选择多个选项，直接单击列表中的多个选项即可选中，再次单击选中的某项可取消该项的选择；MultiExtended，可以选择多个选项，需要在按住 Ctrl 或 Shift 键的同时单击多个选项，或者在按住 Shift 键的同时用箭头键进行选择

续表

属性名称	说　明
Sorted	指示是否对列表排序：默认值为 false，不排序；若设为 true，则会按字母顺序对列表框中的所有项目排序
Text	获取或搜索列表框中当前选定项的文本；若获取 Text 属性，则返回列表中第一个选定项的文本；若设置 Text 属性，则将搜索匹配该文本的选项，并选择该选项

其中，SelectedIndex、SelectedIndices、SelectItem、SelectItems 和 Text 在属性窗口中不存在，只能通过代码访问。

2．常用方法

ListBox 控件的常用方法见表 4.20。

表 4.20　ListBox 常用方法

方法名称	说　明
ClearSelected	取消选择列表框中的所有选项
FindString	查找列表框中以制定字符串开头的第一个项
FindStringExact	查找列表框中第一个精确匹配制定字符串的项
GetSelected	返回一个值，该值指示是否选定了指定的项
SetSelected	对列表框中指定的项进行选择或取消选定
ToString	返回列表框的字符串表示形式，包括控件类型、项目数和第一项的值

3．常用事件

ListBox 控件的常用事件有 Click、DoubleClick 和 SelectedIndexChanged，见表 4.21 所示。

表 4.21　ListBox 常用事件

事件名称	说　明
Click	单击列表框时触发
DoubleClick	双击列表框时触发
SelectedIndexChanged	SelectedIndex 属性值发生改变时触发

通常 ListBox 控件与 Button 控件结合在一起实现应用程序的某种功能时才使用 DoubleClick 事件，双击列表框中的项目与先选定项目然后单击按钮具有相同的效果。因此，会在列表框的 DoubleClick 事件处理程序中调用按钮的 Click 事件处理程序。例如：

```
private void listBox1_DoubleClick(object sender, EventArgs e)
{
    button1_Click(sender, e);
}
```

4．常用操作

列表框中的项目列表是 Items 属性的值，设计模式下通过在属性窗口设置 ListBox 控件的

Items属性值来对列表中的项目进行添加、删除和修改操作。运行模式下利用Items属性可以访问列表的全部项目，还可以使用Items集合中的方法对列表框中的项目进行添加、删除和修改操作。

1）向列表中添加项目

用Add()或AddRange()方法在列表的末尾追加一个或多个项目，用Insert()方法在指定索引处向列表中插入一个项目，其格式为

```
列表框名.Items.Add(object item)
列表框名.Items.AddRange(object[] items)
列表框名.Items.Insert (int index, object item)
```

例如：

```
listBox1.Items.Add("0");
listBox1.Items.Add("a");
object[] obj = new object[4]{"2","c","3","d"};
listBox1.Items.AddRange(obj);
listBox1.Items.Insert(2, "1");
listBox1.Items.Insert(3, "b");
```

listBox1中的列表为0、a、1、b、2、c、3、d。

2）从列表中删除项目

用Remove()方法从列表中删除指定值对应的项目，用RemoveAt()方法从列表框中删除指定索引处的项目，其格式为

```
列表框名.Items. Remove (object value)
列表框名.Items. RemoveAt (int index)
```

例如：

```
listBox1.Items. Remove ("0");
listBox1.Items. RemoveAt (0);
```

上述操作后，listBox1中的列表为1、b、2、c、3、d。

3）从列表中清除全部项目

用Clear()方法可移除集合中的所有项，其格式为

```
列表框名.Items.Clear();
```

例如：

```
listBox1.Items.Clear();
```

4）获取列表中的项目数

用Count属性可获取列表框中项目的数目，格式为

```
列表框名.Items.Count;
```

例如：

```
Int i=listBox1.Items.Count;
```

5）判断指定值是否位于列表中

用Contains()方法返回的布尔值来判断指定值是否位于列表中，其格式为

```
列表框名. Items.Contains(object value)
```

例如：

```
bool b1=listBox1.Items.Contains(3);
bool b2=listBox1.Items.Contains("d");
```

6）获取列表中的指定项的索引

用 IndexOf()方法，获取指定项在集合中的索引，其格式为

```
列表框名. Items. IndexOf (object value)
```

例如：

```
int i=listBox1.Items.Indexof("c");
```

7）获取列表中指定索引处的项目

将 Items 属性与索引结合即可获取列表中指定索引处的项目，其格式为

```
列表框名.Items[int index]
```

例如：

```
Object i=listBox1.Items[3];
```

8）获取列表中当前选定项及其值

用 ListBox 控件的 SelectedItem 属性可获取当前选定的第一个选项，SelectedItems 属性可获取当前选定项的集合。

获取当前选定的第一个选项的值，通常用 ListBox 控件的 Text 属性，或通过对 SelectedItem 属性调用 ToString()方法实现。例如：

```
string str=listBox1. Text;          或
string str=listBox1. SelectedItem. ToString();
```

获取所有选定项目的值，可以利用 foreach 循环结构对 SelectedItems 集合中的每个项目依次获取其值。例如：

```
string str = "";
foreach(object lb in listBox1.SelectedItems)
        str += lb.ToString() + " ";
```

9）将列表中的全部项目复制到数组中

用 CopyTo()方法可将列表中的全部项目复制到现有对象的数组中，从该数组内的指定位置开始复制，其格式为

```
列表框名.Items.CopyTo (object[] destination, int arrayIndex)
```

listBox1 中共有 5 个项目，要将所有项目复制到现有数组的前 5 个元素中，代码如下：

```
object[] obj = new object[10];
listBox1.Items.CopyTo(obj, 0);
```

10）将数组数据绑定列表框

用 ListBox 控件的 DataSource 属性可将现有数组绑定到列表框，数组中的元素与列表中的项目一一对应。

例如：

```
object[] obj = new object[4] { "0 a","1 b", "2 c","3 d" };
listBox1.DataSource = obj;
```

4.12 ComboBox 控件

ComboBox（组合框）控件由一个文本框和一个列表框组成，为用户提供可选的项目列表。用户可从列表中选择一个项目输入，也可直接在文本框中输入。

默认样式下，ComboBox 控件中的列表框是折叠起来的，呈现给用户的是一个右侧带箭头按钮的可编辑文本框，单击文本框右侧的箭头按钮时才会显示原本隐藏的下拉列表。

组合框相当于将文本框和列表框的功能结合在一起。

1．常用属性、方法和事件

组合框的常用属性、方法和事件与文本框和列表框这两个控件类似。ComboBox 控件的三个特有属性见表 4.22。

表 4.22 ComboBox 的特有属性

属性名称	说　明
DropDownStyle	获取或设置组合框的样式，其值 ComboBoxStyle 是枚举类型，共有 3 个：Simple，简单组合框，由一个可编辑文本框和一个标准列表框组成，列表框始终可见；DropDown，默认样式，下拉式组合框，由一个可编辑文本框和一个下拉列表框组成，用户必须单击箭头按钮来显示列表框，DropDownList，下拉列表组合框，不允许用户输入文本，只能单击箭头按钮从下拉列表框中选择列表项
DropDownWidth	获取或设置组合下拉列表的宽度
MaxDropDownItems	获取或设置要在组合下拉列表中直接显示的最大项数。当实际项目数大于该值时，会自动出现滚动条

ComboBox 控件的常用事件是 SelectedIndexChanged 事件，当组合框的 SelectedIndex 属性值发生更改时触发。

2．常用操作

由于ComboBox控件只允许通过选择一个项目输入或者从文本框输入，通常用 ComboBox 控件的 Text 属性获取当前选定项目的值。所以，除了“获取列表中当前选定项及其值”的操作外，ComboBox 控件的其他操作与 ListBox 控件完全相同。

可以用 ComboBox 控件的 SelectedItem 属性来获取当前选定项，如果未从列表中选择，该属性值为 null。可以用 ComboBox 控件的 SelectedItem 属性来判断当前内容是从列表中选择的，还是从文本框中输入的。

【例 4-6】 设计一个“学生信息”程序，提供学生的姓名、性别、年龄、特长、专业、必修课等信息，利用 ComboBox 设置专业，ListBox 设置相应专业对应的必修课，完成学生信息的收集后用消息框输出信息。程序运行结果如图 4.12 所示。

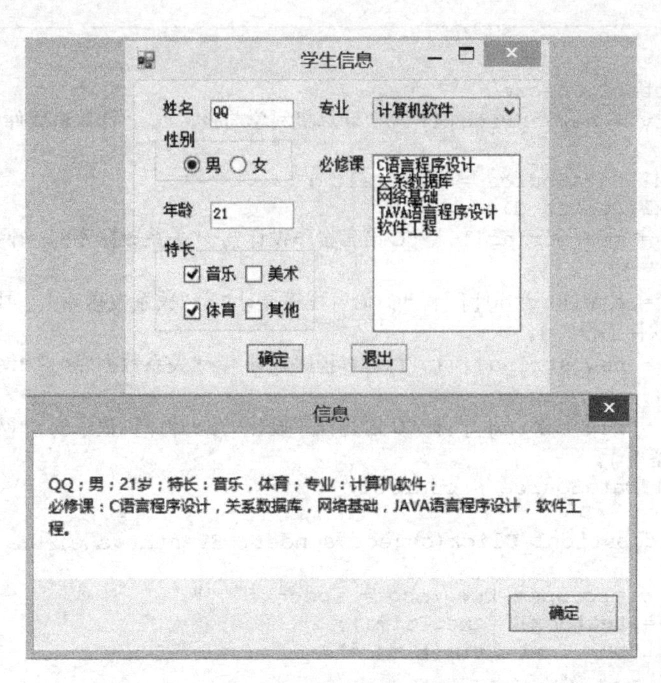

图 4.12　程序运行结果

具体步骤：

（1）设计界面。新建一个 C#的 Windows 窗体应用程序，项目名称设置为 ListComApp，向窗体中添加 4 个标签（Label），2 个文本框（TextBox），2 个分组框（GroupBox），2 个单选按钮（RadioButton），1 个组合框（ComboBox），1 个列表框（ListBox），4 个复选框（CheckBox），2 个命令按钮（Button），并按图 4.12 所示进行相应窗体和控件的设置和调整。

（2）设置属性。窗体和控件的属性见表 4.23。

表 4.23　例 4-6 对象的属性设置

对　象	属 性 名	属 性 值
label1～label5	Text	姓名、年龄、专业、必修课
groupBox1、groupBox 2	Text	性别、特长
radioButton1、radioButton2	Text	男、女
radioButton1	Checked	True
checkBox1～checkBox4	Text	音乐、美术、体育、其他
	Name	check1、check2、check3、check4
button1、button2	Text	确定、退出
comboBox1	DropDownStyle	DropDownList
listBox1	SelectionMode	None

（3）编写代码如下：

```
string[]course1, course2, course3, course4, specialty,;
private void Form1_Load(object sender, EventArgs e)
```

```
    {
        radioButton1.Checked = true;
        specialty = new string[4] { "计算机科学与技术", "计算机软件", "网络工程", "
物联网应用" };
        comboBox1.DataSource = specialty;
        comboBox1.SelectedIndex = 0;
        course1 = new string[] { "C语言程序设计", "关系数据库", "网络基础", "计算机
科学","计算机技术" };
        course2 = new string[] { "C 语言程序设计", "关系数据库", "网络基础", "JAVA
语言程序设计", "软件工程" };
        course3 = new string[] { "C语言程序设计", "关系数据库", "网络基础", "网络协
议", "网络安全" };
        course4 = new string[] { "C语言程序设计", "计算机数学", "网络基础", "物联网
基础", "物联网设备" };
        listBox1.DataSource = course1;
    }
    private void button1_Click(object sender, EventArgs e)
    {
         string  grmsg,spec,kc;grmsg = spec=kc ="";
          grmsg += textBox1.Text.Trim();
          if (textBox1.Text.Trim() == "")
          {
              MessageBox.Show("姓名不能为空", "提示");
              return;
          }
          if (radioButton1.Checked) grmsg += "; 男";
          else  grmsg += "; 女";
          grmsg += "; " + textBox2.Text.Trim() + "岁; ";
          foreach (Control ctl in groupBox2.Controls)
          {
               CheckBox chk = (CheckBox)ctl;
               if (chk.Checked == true)  spec += chk.Text + ", ";
          }
          if (spec != "")
               spec = "特长: " + spec.Substring(0, spec.Length - 1);
          else spec = "无特长";
          grmsg += spec + "; " + "专业: " + comboBox1.Text + "; \n";
          kc = "必修课: ";
          foreach (object course in listBox1.Items)
               kc += course.ToString() + ", ";
          kc = kc.Substring(0, kc.Length - 1) + "。\n";
          grmsg += kc;
          MessageBox.Show(grmsg,"信息");
    }
    private void button2_Click(object sender, EventArgs e)
    {
         This.Close();
    }
    private void comboBox1_SelectedIndexChanged(object sender, EventArgs e)
    {
         switch (comboxBox1.SelectedIndex)
         {
             case 0:listBox1.DataSource = course1;
                     break;
             case 1:listBox1.DataSource = course2;
                     break;
```

```
            case 2:listBox1.DataSource = course3;
                    break;
            case 3:listBox1.DataSource = course4;
                    break;
        }
    }
```

（4）运行程序，查看结果。

4.13　Timer 组件

Timer 计时器组件又称定时器，是一种无须用户干预，按一定时间间隔，周期性地自动触发事件的控件。Timer 组件通过检查系统时间来判断是否执行某项任务，常用来辅助其他控件以刷新显示的时间。

Timer 组件是非可视化的，将其添加到窗体后显示在组件区中。

1．常用属性

Timer 组件的常用属性有 Name、Interval（间隔）和 Enabled。

Interval 属性指示事件发生的时间间隔，以毫秒为基本单位，默认值为 100，即事件发生的最短间隔可以是 1 毫秒。但是这么小的时间间隔对系统的要求太高，因此合理设置该属性是对程序运行速度和可靠性的一种保证。

Enabled 属性指示是否启动计时器，默认值为 false，计时器处于“停止”状态。将该属性设置为 true，计时器将会被激活，处于“启动”状态。

2．常用方法

Timer 组件的常用方法有 Start()和 Stop()。

Start()方法用于启动计时器，相当于将 Enabled 属性设置为 true。

Stop()方法用于停止计时器，相当于将 Enabled 属性设置为 false。

3．常用事件

Timer 组件只有一个事件，即 Tick 事件，该事件由系统触发，用户无法直接触发。只要设置 Timer 控件的 Enabled 属性为 true，且 Interval 属性值是非负整数，就会以 Interval 属性指定的时间间隔触发 Tick 事件。

【例 4-7】 创建一个 Windows 窗体应用程序，实现图片自右向左循环移动。程序运行结果如图 4.13 所示。

具体步骤：

（1）设计界面。新建一个 C#的 Windows 窗体应用程序，项目名称设置为 TimerApp，向窗体添加一个 Timer 控件和一个 PictureBox 控件，项目所用图片已放置在\TimerApp\bin\debug\pic 中。按图 4.13 所示进行相应窗体和控件的设置和调整。

图 4.13　程序运行结果

（2）设置属性。窗体和控件的属性见表 4.24。

表 4.24　例 4-7 对象的属性设置

对　象	属 性 名	属 性 值
pictureBox1	Image	水果.png
	SizeMode	StrechImage
Form1	MaximizeBox	False
Timer	Interval	100

（3）编写代码如下：

```
bool runleft = true;
private void Form1_Load(object sender, EventArgs e)
{
    timer1.Enabled = true;
    timer1.Interval = 100;
}
private void timer1_Tick(object sender, EventArgs e)
{
    if (runleft)
    {
        pictureBox1.Left -= 1;
        if (pictureBox1.Left + pictureBox1.Width <= 0) runleft = false;
    }
    else
    {
        pictureBox1.Left = this.Width;
        runleft = true;
    }
}
```

（4）运行程序，查看结果。

4.14　菜单栏

菜单是用户界面重要的组成部分，按使用方式分为下拉式菜单和上下文菜单。

4.14.1 MenuStrip 控件

下拉式菜单也称为主菜单或菜单栏，通常位于窗口的顶部，由多个菜单项组成，每个菜单项可以是应用程序的一条命令，也可以是其他子菜单项的父菜单。MenuStrip（菜单栏）控件用于创建下拉式菜单。

1. 设计下拉式菜单的常用操作

1）创建菜单栏

在工具箱中双击 MenuStrip 控件，MenuStrip 控件出现于组件区中。单击组件区中的 MenuStrip 控件，在窗体的标题栏下面会看到文本“请在此处键入”，这就是菜单栏。

2）创建菜单项

在窗体标题栏下面的“请在此处键入”文本处单击并输入菜单项的名称，如“编辑”，将创建一个“编辑”菜单项，其 Text 属性由输入的文本指定，如图 4.14 所示。此时，在该菜单项的下方和右方分别显示一个标注为“请在此键入”区域，可以选择区域继续添加菜单项。

第一个创建的 MenuStrip 控件，会自动通过窗体的 MainMenuStrip 属性绑定到当前窗体，成为其主菜单栏。

3）创建菜单项之间的分隔符

四种方法可用于创建菜单项间的分隔符，分别如下所示。

方法 1：把鼠标移动到“请在此键入”区域，该区域的右侧出现一个下拉箭头，单击该箭头，会出现一个下拉列表，如图 4.15 所示，选择“Separator”选项，则该菜单项被创建为一个分隔符。

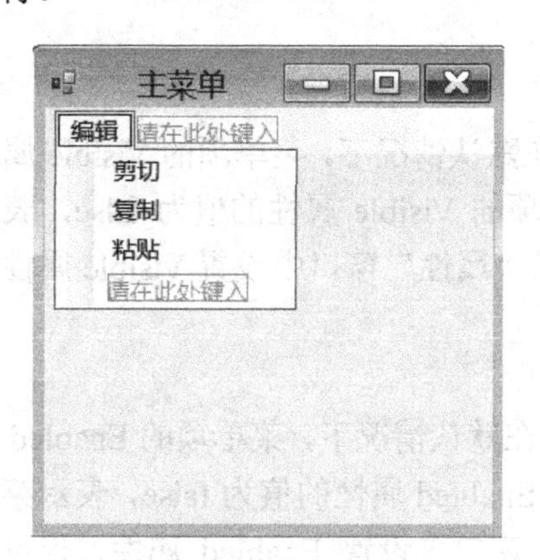

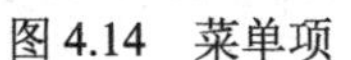
图 4.14 菜单项

图 4.15 分隔符

方法 2：直接在“请在此键入”区域输入“-”，则该菜单项被创建为一个分隔符。

方法 3：右击“请在此键入”区域，在属性窗口设置其 Text 属性为“-”，则该菜单项被创建为一个分隔符。

方法 4：在某菜单项上右击，在弹出的快捷菜单中选择“插入”→“Separator”选项，即可将一个分隔符插入当前菜单项的上方，如图 4.16 所示。

图 4.16 插入分隔符

4）创建菜单项的访问键

在菜单项名称中的某个字母前加“&”，该字母将作为该菜单项的访问键。例如，输入菜单项名称为“复制(&C)”，C 就被设置为该菜单项的访问键，这一字符会自动加上一条下画线。程序运行时，按 Alt+C 组合键就相当于选择“复制”选项。

5）创建菜单项的快捷键

选中要设置快捷键的菜单项，在属性窗口中设置 ShortcutKeys 属性即可。该属性默认值值为 None，表示没有快捷键。

2. 运行时控制菜单的常用操作

在应用程序中，因执行条件的变化，菜单常常会发生一些相应的变化，主要体现在菜单项的可见性、有效性和选择性等方面。

1）可见性

菜单项的 Visible 属性决定菜单项是否可见。在默认情况下，菜单项的 Visible 属性的值为 true，表示菜单项是可见的，即运行时显示；菜单项的 Visible 属性的值为 false，表示菜单项是不可见的，即运行时不显示。可以在设计时通过“属性”窗口中设置 Visible 属性，也可以在运行时通过代码来设置 Visible 属性。

2）有效性

菜单项的 Enabled 属性决定菜单项是否有效。在默认情况下，菜单项的 Enabled 属性的值为 true，表示菜单项是有效的，即可用；菜单项的 Enabled 属性的值为 false，表示菜单项是无效的，即不可用。可以在设计模式下通过“属性”窗口来设置 Enabled 属性，也可以在运行模式下通过代码来设置 Enabled 属性。

3）选择性

菜单项的 Checked 属性决定菜单项是否处于被选中状态。在默认情况下，菜单项的 Checked 属性的值为 false，表示菜单项未被选中；菜单项的 Checked 属性的值为 true，表示菜单项被选中，其左边显示“√”标记。可以在设计时通过“属性”窗口来设置 Checked 属性，也可以在运行时通过代码来设置 Checked 属性。

菜单项的常用属性见表 4.25。

表 4.25　菜单项的常用属性

属性名称	说　明
Checked	设置或获取菜单项的选中状态
CheckOnClick	选择菜单项时，菜单项是否切换其选中状态，默认值为 false。为 true 时，程序运行时选择菜单项，若之前没有选中，会在其左边出现“√”标记；若之前已选中，会去掉其左边“√”标记
CheckState	设置或获取菜单项的选择状态，其值共有 3 个枚举类型成员：默认值 Unchecked，未选中；Checked，选中，其左边出现“√”标记；Indeterminate，不确定，菜单项左边出现“◆”标记
DisplaySytle	设置或获取菜单项的显示样式，其值共有 4 个枚举类型成员：None，不显示文本也不显示图像；Text，显示文本；Image，显示图像；ImageAndText，默认值，同时显示文本和图像
DropDownItems	设置或获取与此菜单项相关的下拉菜单项的集合
Enabled	判断菜单项是否有效
Image	设置或获取在菜单项上的显示图像
ShortcutKeys	设置或获取与菜单项关联的快捷键
Show ShortcutKeys	判断是否在菜单项上显示快捷键
Text	设置或获取在菜单项上的显示文本
ToolTipText	设置或获取菜单项的提示文本
Visible	判断菜单项是可见的还是隐藏的

3. 常用属性

MenuStrip 的常用属性见表 4.26。

表 4.26　MenuStrip 的常用属性

属性名称	说　明
BackColor	设置或获取 MenuStrip 控件的背景颜色
BackgroundImage	设置或获取 MenuStrip 控件的背景图片
BackgroundImageLayout	设置 MenuStrip 的背景图片的布局
ContextMenuStrip	设置 MenuStrip 控件的上下文菜单控件
ImageScalingSize	设置各菜单图标显示大小
Items	设置或获取 MenuStrip 控件中的各菜单项
ShowItemToolTips	设置或获取各菜单项是否显示 ToolTips 控件，如果值为 True，表示使用 ToolTips，否则不应用 ToolTips 控件
Stretch	设置或获取一个值，该值指示 MenuStrip 是否在它的容器中从一端拉伸到另一端
Text	设置或获取与此控件关联的文本
TextDirection	设置或获取在 ToolTips 上绘制文本的方向

4. 常用事件

MenuStrip 控件最常用的事件就是响应用户的 Click 事件。单击事件格式如下：

```
private void toolStripMenuItem_Click(object sender, EventArgs e)
{
        事件体;
}
```

4.14.2 ContextMenuStrip 控件

ContextMenuStrip（上下文菜单栏）控件用于创建弹出式菜单。弹出式菜单也称快捷菜单或上下文菜单，是窗体内的浮动菜单，右击窗体或控件时才显示。弹出式菜单必须与其他对象组合使用，并提供与此对象相关的特殊命令。

弹出式菜单的基本设计步骤如下：

（1）添加 ContextMenuStrip 控件。在工具箱中双击 ContextMenuStrip 控件，将一个弹出式菜单控件添加在窗体的组件区中。组件区中刚创建的控件处于被选中状态，窗体设计器中可以看到 ContextMenuStrip 及“请在此键入”文本框。

（2）设计菜单项。弹出式菜单的菜单项的设计方法与下拉式菜单的基本相同，如图 4.17 所示。

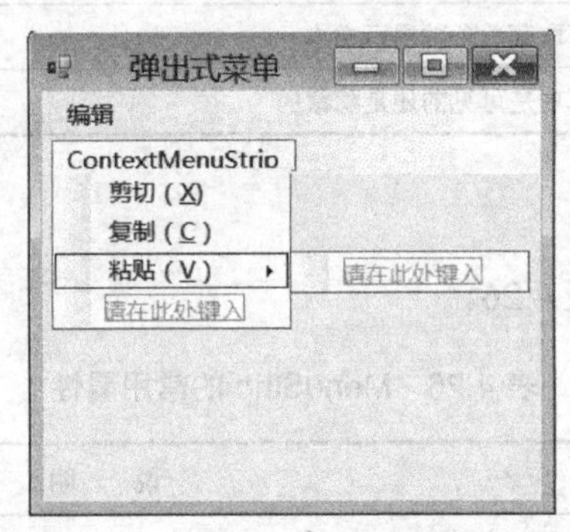

图 4.17　弹出式菜单

（3）激活弹出式菜单。选中需要使用的弹出式菜单的窗体或控件，在其属性窗口中设置其 ContextMenuStrip 属性为所需的 ContextMenuStrip 控件。

4.15　ToolStrip 控件

ToolStrip（工具栏）控件用于创建工具栏，工具栏包含一组以图标按钮为主的工具项，通过单击其中的各个工具项就可以执行相应的操作。实际应用中，常把工具栏看成是主菜单中常用菜单项的快捷方式，工具栏中的每个工具项都有其对应的菜单项。

1. 创建工具栏的步骤

1）添加 ToolStrip 控件

在工具箱中双击 ToolStrip 控件，即可在窗体上添加一个工具栏。

2）给工具栏添加工具项

在工具栏中添加工具项最快捷的方法是直接在设计视图中单击下拉箭头按钮，从弹出的下拉列表中选择一种工具项，即可完成该工具项的添加；也可以通过 ToolStrip 控件的 Items 属性，在“项集合编辑器”中添加工具项。共有 8 种工具项，其中使用最多的是 Button，即 ToolStripButton，如图 4.18 所示。

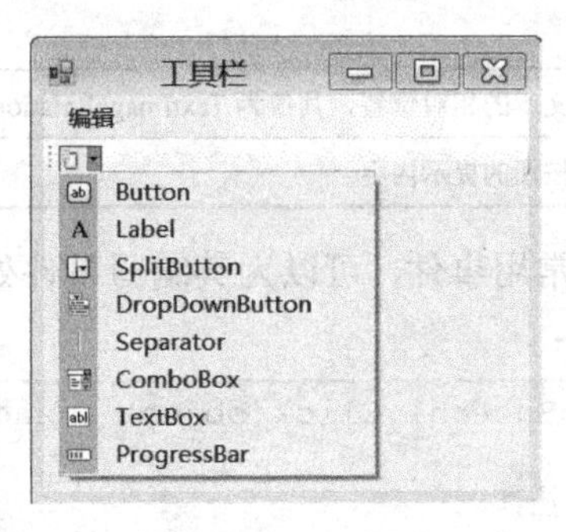

图 4.18　工具栏

2．ToolStrip 控件的特有属性

除 Name、BackColor、Enabled、Location、Locked、Visible 等常用属性外，ToolStrip 控件的特有属性见表 4.27。

表 4.27　ToolStrip 的特有属性

属性名称	说　明
CanOverflow	指示工具项是否可以发生到溢出菜单，默认值为 True，当工具项排列不开时在工具栏的末尾会出现一个小三角形按钮，单击该按钮会显示一个菜单以列出其余的工具项
Dock	指定工具栏要绑定到所在容器的哪个边框，其值为 DockStyle 枚举类型，默认值为 Top，工具栏的上边缘停靠在容器的顶端
GripStyle	控制是否显示工具栏的手柄，默认值为 Visible
ImageScalingSize	指定工具栏中所有项上图像的大小
Items	工具栏的项目集合，可以对工具项进行添加、删除或编辑
LayoutStyle	指定工具栏的布局方向，其值为 ToolStrip LayoutStyle 枚举类型
ShowItemToolTips	指示是否显示工具项的工具提示，默认值为 True

3．工具栏按钮的特有属性和事件

除了 Name、Enabled、Text、TextAlign、Visible 等常用属性外，ToolStripButton 对象的特有属性见表 4.28。

表 4.28　ToolStripButton 的特有属性

属　性	说　明
DisplayStyle	设定工具栏按钮的显示样式，其值为 ToolStripItemDisplayStyle 枚举类型，默认值为 Image
DoubleClickEnabled	指示是否发生 DoubleClick 事件

续表

属　性	说　明
Image	设定工具栏按钮上显示的图像
ImageAlign	设定工具栏按钮上显示的图像的对齐方式
ImageScaling	设定工具栏按钮上显示的图像是否应进行调整以适合工具栏的大小，默认值为 SizeToFit（自动调整）
TextImageRelation	设定图像与文本的相对位置，其值为 TextImageRelation 枚举类型
ToolTipText	设定工具栏按钮的提示内容

Click 事件是工具栏按钮的常用事件，可以为其编写事件处理程序来实现相应功能。各工具项的 Click 事件调用格式如下：

```
Private void toolStripButton1_Click(object  sender, event  Args e)
{
    //Items 为 Button 的控件
}
Private void  toolStripComboBox1_Click(object  sender, event  Args e)
{
    //Items 为 ComboBox 的控件
}
Private void  toolStripTextBox1_Click(object  sender, event  Args e)
{
    //Items 为 TextBox 的控件
}
Private void  toolStripProcessBar1_Click(object  sender, event  Args e)
{
    //Items 为 ProcessBar 的控件
}
```

工具栏按钮往往实现和下拉式菜单中的菜单项相同的功能，可以在 ToolStripButton 的 Click 事件处理程序中，调用菜单项的 Click 事件方法。例如：

```
private void toolStripButton1_Click(object sender, EventArgs e)
{
        ToolStripMenuItem1_Click(sender, e);
}
```

此外，ToolStrip 控件中不同工具项也有很多事件，这些事件与其相应控件相同，例如，ToolStrip 控件中 TextBox 工具项与 TextBox 控件就有很多相同的事件，Button、ComboBox 也一样。

4.16　StatusStrip 控件

StatusStrip（状态栏）控件一般位于窗体的底部，主要用来显示应用程序的各种状态信息。

1．创建状态栏的步骤

创建状态栏的步骤如下：

1）添加 StatusStrip 控件

在工具箱中双击 StatusStrip 控件，即可在窗体底部添加一个状态栏。

2）给状态栏添加状态面板

（1）StatusStrip 控件共有 4 种状态面板，其中使用最多的是 StatusLabel（状态标签）。如图 4.19 所示。

（2）在状态栏中添加状态面板最快捷的方法是直接在设计视图中单击下拉箭头按钮，从弹出的下拉列表中选择一种状态面板，即可完成该状态面板的添加。也可以通过 StatusStrip 控件的 Items 属性，在“项集合编辑器”中添加工具项。

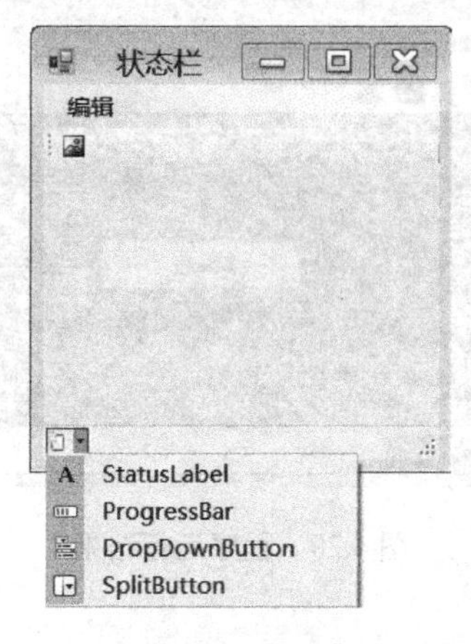

图 4.19　状态栏

2．状态栏的特有属性

除了 Name、BackColor、Enabled、Location、Locked、Visible 等常用属性，StatusStrip 控件的特有属性见表 4.29。

表 4.29　StatusStrip 的特有属性

属 性 名 称	说　明
Items	状态栏项目集合，可以对状态面板进行增加、删除或编辑
ShowItemToolTips	指示是否显示状态面板的提示文本，默认值为 False
SizingGrip	指示是否有一个大小调整手柄，默认值为 True，即该手柄在状态栏的右下角显示

3．状态标签的特有属性

ToolStripStatusLabel 对象的特有属性见表 4.30。

表 4.30　ToolStripStatusLabel 的特有属性

属 性 名 称	说　明
BorderSides	设定状态标签边框的显示
BorderStyle	设定状态标签边框的样式，共有 10 个枚举成员，默认值为 Flat，没有三维效果
DisplayStyle	设定状态标签的显示样式，共有 4 个枚举成员，默认值为 Image，只显示图像
Spring	判断状态标签是否填满剩余空间
ToolTipText	设定状态标签的提示文本

【例 4-8】 设计一个 Windows 窗体应用程序，用以设置窗体的背景色。使用 MenuStrip 设计背景色的下拉式菜单，背景色下有红色、黄色、蓝色、绿色的子菜单，各菜单项的访问键分别是 Alt+C、Alt+R、Alt+Y、Alt+B、Alt+G；使用 ContextMenuStrip 设置默认颜色的弹出式菜单；使用 ToolStrip 设置红色、黄色、蓝色、绿色的工具项；使用 StatusStrip 设置背景色的状态栏，每隔 100 毫秒刷新一下当前状态。程序运行结果如图 4.20 所示。

图 4.20 程序运行结果

具体步骤：

（1）设计界面。新建一个 C#的 Windows 应用程序，项目名称设置为 MenuApp，向窗体中添加 1 个 MenuStrip、1 个 ContextMenuStrip、1 个 StatusStrip、1 个 ToolStrip、1 个 Timer，项目所用图片已放置在\MenuApp\bin\debug\pic 中，按图 4.20 所示进行相应窗体和控件的设置和调整。

（2）设置属性。窗体和控件的属性见表 4.31。

表 4.31 例 4-8 对象的属性设置

对　象	属 性 名	属 性 值
Form1	Text	窗体的背景色
	ContextMenuStrip	contextMenuStrip1
主菜单项（红色、黄色、蓝色、绿色）	Name	mRed、mYellow、mBlue、mGreen
弹出菜单项（默认色）	Name	mDefault
工具栏项（红、黄、蓝、绿）	Name	tsbRed、tsbYellow、tsbBlue、tsbGreen
状态栏项（背景色）	Name	slBC
timer1	interval	100

（3）在各菜单项、工具栏项、状态栏项中，计时器编写代码如下：

```
private void mRed_Click(object sender, EventArgs e)
{
    this.BackColor = Color.Red;
    mRed.Checked = true;
    mYellow.Checked = miBlue.Checked = miGreen.Checked = miDefault.Checked
= false;
}
private void mYellow_Click(object sender, EventArgs e)
```

```
    {
        this.BackColor = Color.Yellow;
        mYellow.Checked = true;
        mRed.Checked = mBlue.Checked = mGreen.Checked = mDefault.Checked = false;
    }
    private void mBlue_Click(object sender, EventArgs e)
    {
        this.BackColor = Color.Blue;
        mBlue.Checked = true;
        mRed.Checked = mYellow.Checked = mGreen.Checked = mDefault.Checked =
false;
    }
    private void mGreen_Click(object sender, EventArgs e)
    {
        this.BackColor = Color.Green;
        mGreen.Checked = true;
        mRed.Checked = mYellow.Checked = mBlue.Checked = mDefault.Checked =
false;
    }
    private void mDefault_Click(object sender, EventArgs e)
    {
       this.BackColor = SystemColors.Control;
        mDefault.Checked = true;
        mRed.Checked = mYellow.Checked = mBlue.Checked = mGreen.Checked = false;
    }
    private void tsbRed_Click(object sender, EventArgs e)
    {
        mRed.Checked = true;
        mRed_Click(sender, e);
    }
    private void tsbYellow_Click(object sender, EventArgs e)
    {
        mYellow.Checked = true;
        mYellow_Click(sender, e);
    }
    private void tsbBlue_Click(object sender, EventArgs e)
    {
        mBlue.Checked = true;
        mBlue_Click(sender, e);
    }
    private void tsbGreen_Click(object sender, EventArgs e)
    {
        mGreen.Checked = true;
        mGreen_Click(sender, e);
    }
    private void timer1_Tick(object sender, EventArgs e)
    {
        slBC.Text = this.BackColor.ToString();
    }
```

（4）运行程序，查看结果。

4.17　通用对话框

通用对话框主要包括 OpenFileDialog、Save FileDialog、FolderBrowserDialog、FontDialog、

ColorDialog等控件，都是模式对话框，都有ShowDialog()和Reset()两个通用方法。ShowDialog()用来显示一个对话框，Reset()用来重置对话框的所有属性值为默认值。

所谓模式对话框，是指用户只能在当前的对话框窗体进行操作，在关闭该对话框窗体前不能切换到程序的其他窗体；所谓非模式对话框，是指可以在当前的对话框与其他窗体之间切换，无须关闭该对话框窗体。

4.17.1 打开文件对话框

OpenFileDialog（打开文件对话框）控件用于提供标准的Windows“打开”对话框，从中选择要打开的文件。在工具箱中双击OpenFileDialog控件，就会在组件区中看到一个OpenFileDialog对象。

1. 常用属性

OpenFileDialog控件的常用属性见表4.32。

表4.32 OpenFileDialog的常用属性

属性名称	说明
AddExtension	判断对话框是否自动在文件名中添加扩展名，默认值为true
CheckFileExists	判断当用户指定不存在的文件名时是否显示警告，默认值为true
CheckPathExists	判断当用户指定不存在的路径时是否显示警告，默认值为true
DefaultExt	设置或获取默认文件扩展名
FileName	设置或获取在对话框中选定的文件名
Filter	设置或获取对话框中的文件名筛选器，即对话框“文件类型”下拉列表框中出现的选择内容，对于每个筛选选项都包含有竖线（|）隔开的筛选器说明和筛选器模式，格式为“筛选器说明|筛选器格式”，筛选器模式中用分号分隔文件类型，例如，“图片文件（*.bmp,*.gif,*jpg,*.png）|*.bmp;*.gif;*jpg;*.png|所有文件（*.*）|*.*”
FilterIndex	设置或获取对话框中当前选定的筛选器的索引，编号从1开始
InitialDirectory	设置或获取对话框的初始目录
Multiselect	判断在对话框中是否可选多个文件，默认值为false
ReadOnlyChecked	判断在对话框中是否选定只读复选框，默认值为false
RestoreDirectory	判断对话框在关闭前是否还原为当前目录，默认值为false
ShowHelp	判断在对话框中是否显示“帮助”按钮
ShowReadOnly	判断在对话框中是否显示只读复选框，默认值为false
Title	设置或获取在对话框标题栏中的文本
ValidateNames	判断对话框是否确保文件中不包含无效的字符或系列，默认值为true

2. 常用方法

设置好OpenFileDialog控件的属性后，在运行模式下，可用ShowDialog()方法显示对话框，例如：

```
OpenFileDialog1.ShowDialog();
```

可用 OpenFile()方法打开用户选定的具有只读权限的文件，并返回该文件的 Stream 对象，例如：

```
System.IO.Stream = OpenFileDialog1.OpenFile();
```

3. 常用事件

OpenFileDialog 控件的两个常用事件是 FileOk 和 HelpRequest，当用户在对话框中单击“打开”按钮时触发 FileOk 事件，当用户在对话框中单击“帮助”按钮时触发 HelpRequest 事件。

4.17.2 保存文件对话框

SaveFileDialog（保存文件对话框）控件用于提供标准的 Windows“另存为”对话框，从中指定要保存的文件名和文件路径。在工具箱中双击 SaveFileDialog 控件，就会在组件区中看到一个 SaveFileDialog 对象。

1. 常用属性

SaveFileDialog 控件的常用属性大多与 OpenFileDialog 控件相同，不同的是其 CheckFileExists 属性的默认值是 false，也没有 Multiselect 属性。SaveFileDialog 的特有属性见表 4.33。

表 4.33　SaveFileDialog 的特有属性

属 性 名 称	说　明
CreatePrompt	判断在创建新文件时是否提示用户允许创建该文件，默认值为 false
OverwritePrompt	判断在改写现有文件时是否提示用户允许替换该文件，默认值为 true

2. 常用方法和事件

SaveFileDialog 控件的常用方法和事件与 OpenFileDialog 控件相同，但其 OpenFile()方法用于打开用户选定的具有读写选取的文件，当用户在对话框中单击“保存”按钮时触发 FileOk 事件。

4.17.3 浏览文件夹对话框

FolderBrowseDialog（浏览文件夹对话框）控件用于提供标准的 Windows“浏览文件夹”对话框，从中浏览、创建或选择一个文件夹。在工具箱中双击 FolderBrowseDialog 控件，就会在组件区中看到一个 FolderBrowseDialog 对象。

1. 常用属性

FolderBrowseDialog 控件的常用属性见表 4.34。

表 4.34　FolderBrowseDialog 的常用属性

属性名称	说　明
Description	设定显示在对话框的树状视图上方的字符串
RootFolder	设定从对话框的树状视图中开始浏览的根文件夹的位置，其值为 SpecialFolder 枚举成员，默认值是 DeskTop
SelectedPath	设置或获取所选文件夹的路径
ShowNewFolderButton	判断是否在对话框中包含“新建文件夹”按钮，默认值为 true

2. 常用方法和事件

FolderBrowseDialog 控件的常用方法是 ShowDialog()和 Reset()，没有任何事件。

【例 4-9】设计一个 Windows 窗体应用程序，模拟打开、保存、浏览文件夹通用对话框的相应功能，将相应信息显示在文本框中。使用 MenuStrip 设计“文件”主菜单，下有“打开”、“保存”、“浏览文件夹”子菜单，打开和保存子菜单项的访问键分别是 Alt+O、Alt+S。

具体步骤如下：

（1）设计界面。新建一个 C#的 Windows 窗体应用程序，项目名称设置为 CommonDiaLogApp，向窗体中添加 1 个 MenuStrip、1 个 OpenFileDialog、1 个 SaveFileDialog、1 个 FolderBrowseDialog、1 个 TextBox，按图 4.21 所示进行相应窗体和控件的设置和调整。

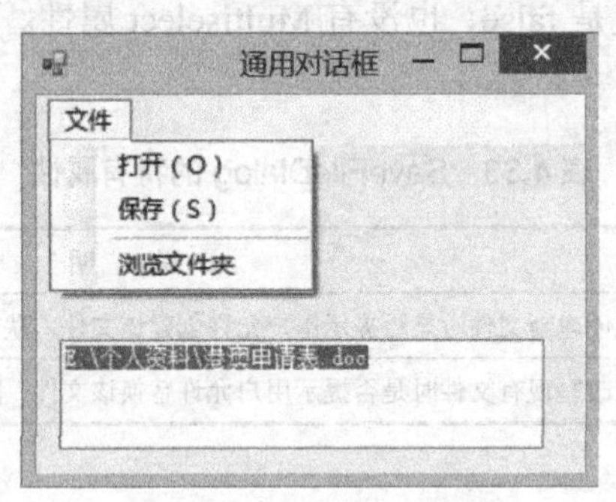

图 4.21　程序运行结果

（2）设置属性。窗体和控件的属性见表 4.35。

表 4.35　例 4-9 对象的属性设置

对　象	属性名	属性值
Form1	Text	通用对话框
TextBox1	Multiline	true
主菜单项（打开、保存、浏览文件夹）	Name	OpenItem、SaveItem、BrowseItem
openFileDialog1	FileName	文件名
	Filter	Office 文件(*.doc,*.xls,*.ppt)|*.doc;*.xls;*.ppt|图片文件(*.bmp,*.gif,*.jpg,*.png)| *.bmp;*.gif;*.jpg;*.png|所有文件(*.*)|*.*
saveFileDialog1	FileName	文件名
	Filter	Office 文件(*.doc,*.xls,*.ppt)|*.doc;*.xls;*.ppt|图片文件(*.bmp,*.gif,*.jpg,*.png)| *.bmp;*.gif;*.jpg;*.png|所有文件(*.*)|*.*

续表

对　象	属 性 名	属 性 值
folderBrowseDialog1	Description	请选择或新建一个文件夹
	RootFolder	MyComputer
	SelectedPath	E:\

（3）在 Form1 中编写代码如下：

```
private void OpenItem_Click(object sender, EventArgs e)
{
    if (openFileDialog1.ShowDialog() == DialogResult.OK)
    {
        string information = openFileDialog1.FileName;
        System.Diagnostics.Process.Start(information);
        textBox1.Text = information;
    }
}
private void SaveItem_Click(object sender, EventArgs e)
{
    saveFileDialog1.ShowDialog();
}
private void saveFileDialog1_FileOk(object sender, CancelEventArgs e)
{
    string information = saveFileDialog1.FileName;
    textBox1.Text = information;
}
private void BrowseItem_Click(object sender, EventArgs e)
{
    if (folderBrowserDialog1.ShowDialog() == DialogResult.OK)
        textBox1.Text = folderBrowserDialog1.SelectedPath;
}
```

（4）运行程序，查看结果。

4.17.4 字体对话框

FontDialog（字体对话框）控件用于提供标准的 Windows“字体”对话框，利用 FontDialog 控件可以方便地设置字体、字形、字号、文字颜色及下划线等效果。在工具箱中双击 FontDialog 控件，就会在组件区中看到一个 FontDialog 对象。

1．常用属性

FontDialog 控件的常用属性见表 4.36。

表 4.36　FontDialog 的常用属性

属 性 名 称	说　明
AllowVectorFonts	判断是否允许选择矢量字体，默认值为 true
AllowVerticalFonts	判断是否允许选择垂直字体，默认值为 true，既显示水平字体又显示垂直字体；false 时，只显示水平字体
Color	设置或获取字体的颜色

续表

属性名称	说　明
Font	设置或获取字体的名字
FontMustExist	判断当选定的字体不存在时是否报告错误，默认值为 false
MaxSize	设置或获取可选择字号的最大磅值，默认值为 0，禁用该属性
MinSize	设置或获取可选择字号的最小磅值，默认值为 0，禁用该属性
ShowApply	判断是否包含“应用”按钮，默认值为 false；为 true 时，显示“应用”按钮，用户单击“应用”按钮时可以在应用程序中查看更新的字体而无须退出“字体”对话框
ShowColor	判断是否显示“颜色”选项，默认值为 false；为 true 且 ShowEffects 属性值也为 true 时，可通过“字体”对话框设置或获取选定文本的颜色
ShowEffects	判断是否显示下画线、删除线和字体颜色选项，默认值为 true
ShowHelp	判断是否显示“帮助”按钮，默认值为 false

2. 常用方法

FontDialog 控件的常用方法是 ShowDialog()和 Reset()。

3. 常用事件

FontDialog 控件的常用事件是 Apply 和 HelpRequest。当用户在对话框中单击“应用”按钮时触发 Apply 事件；当用户在对话框中单击“帮助”按钮时触发 HelpRequest 事件。

4.17.5 颜色对话框

ColorDialog 字体对话框控件用于提供标准的 Windows“颜色”对话框，利用 ColorDialog 控件可以方便地设置颜色效果。在工具箱中双击 ColorDialog 控件，就会在组件区中看到一个 ColorDialog 对象。

1. 常用属性

ColorDialog 控件的常用属性见表 4.37。

表 4.37　ColorDialog 的常用属性

属性名称	说　明
AllowFullOpen	判断“规定自定义颜色”按钮是否可用，默认值为 true
AnyColor	判断是否显示基本颜色集中的所有可用颜色
Color	设置或获取选定的颜色。默认值为 Black
FullOpen	判断自定义颜色部分在对话框打开时是否可见，默认值为 false；为 true 且 AllowFullOpen 属性值也为 true 时，自定义颜色部分在对话框打开时可见
ShowColorOnly	判断对话框是否限制用户只选择纯色
ShowHelp	判断是否显示“帮助”按钮，默认值为 false

2. 常用方法

ColorDialog 控件的常用方法是 ShowDialog()和 Reset()。

3. 常用事件

ColorDialog 控件的常用事件是 HelpRequest。

【例 4-10】设计一个 Windows 窗体应用程序，设置文本框文本的字体和颜色。使用 MenuStrip 设计“格式”主菜单，下有“字体”、“颜色”子菜单，其访问键分别是 Alt+F、Alt+C。

具体步骤：

（1）设计界面。新建一个 C#的 Windows 窗体应用程序，项目名称设置为 FontColorApp，向窗体中添加 1 个 MenuStrip、1 个 FontDialog、1 个 ColorDialog、1 个 TextBox，按图 4.22 所示进行相应窗体和控件的设置和调整。

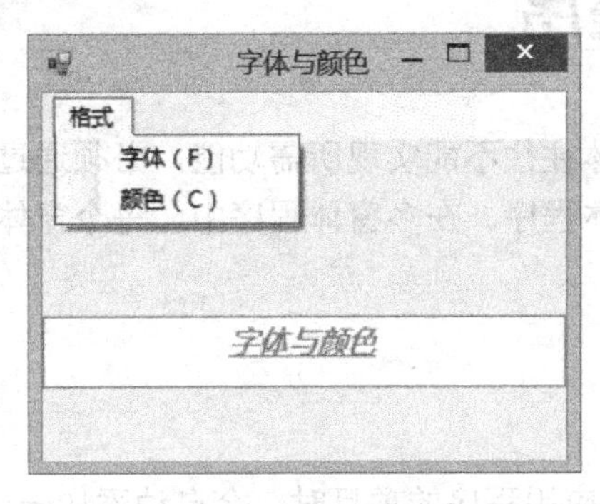

图 4.22　程序运行结果

（2）设置属性。窗体和控件的属性如表 4.38 所示。

表 4.38　例 4-10 对象的属性设置

对　象	属 性 名	属 性 值
Form1	Text	字体与颜色
TextBox1	Multiline	true
	Text	字体与颜色
主菜单项（字体、颜色）	Name	FontItem、ColorItem
fontDialog1	Name	fontDialog1
colorDialog1	Name	colorDialog1

（3）在 Form1 中编写代码如下：

```
private void FontItem_Click(object sender, EventArgs e)
{
      fontDialog1.Font = textBox1.Font;
      fontDialog1.Color = textBox1.ForeColor;
      if (fontDialog1.ShowDialog() == DialogResult.OK)
      {
          textBox1.Font = fontDialog1.Font;
          textBox1.ForeColor = fontDialog1.Color;
```

```
        }
    }
    private void fontDialog1_Apply(object sender, EventArgs e)
    {
        textBox1.Font = fontDialog1.Font;
        textBox1.ForeColor = fontDialog1.Color;
    }
    private void ColorItem_Click(object sender, EventArgs e)
    {
        colorDialog1.Color = textBox1.ForeColor;
        if (colorDialog1.ShowDialog() == DialogResult.OK)
            textBox1.ForeColor = colorDialog1.Color;
    }
```

（4）运行程序，查看结果。

4.18 多窗体程序

在实际应用中，单一窗体往往不能实现所需功能，必须通过多个窗体来完成。包含多个窗体的应用程序被称为多窗体程序。在多窗体程序中，每个窗体都有各自的界面和程序代码以实现不同的功能。

4.18.1 添加窗体

创建一个 Windows 窗体应用程序的项目时，会自动添加一个名为“Form1”的窗体。如果要建立多窗体应用程序，还需要为项目添加 1 个或多个窗体。

添加窗体的方法：

（1）在创建好的项目中，选择“项目”→“添加 Windows 窗体”选项，弹出“添加新项”对话框，如图 4.23 所示。

（2）“添加新项”对话框中默认选择了“Windows 窗体”模板，窗体名默认为 Form2，在“名称”文本框中输入窗体名，单击“添加”按钮，即为应用程序添加了一个窗体。

（3）如果项目需要多个窗体，重复上述步骤。

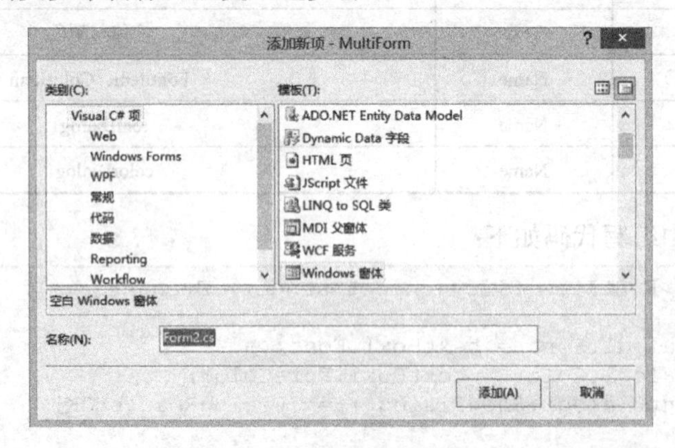

图 4.23 “添加新项”对话框

4.18.2 设置启动窗体

当应用程序中有多个窗体时，默认情况下，第一个窗体被自动指定为启动窗体。如果要将其他窗体设置为启动窗体，可在“解决方案资源管理器”窗口中双击 Program.cs 文件，在打开的代码窗口中，找到 Main 函数中的代码“Application.Run(new Form1())”，将 Form1 改为要设置为启动窗体的窗体名称即可。

例如，要将 Form2 设置为启动窗体，则在 Main 函数中将代码修改为

```
Application.Run(new Form2());
```

4.18.3 有关操作

在多窗体程序设计中，需要打开、关闭、隐藏或显示指定的窗体，窗体之间可能还需要传递特定的信息。

1. 打开窗体

启动窗体在程序运行时会自动打开，如果要打开另一个窗体，首先要创建该窗体的对象，即该窗体的实例必须存在，再调用 Show()方法或 ShowDialog()方法将窗体对象显示出来。例如，要通过 Form1 窗体以非模式的方式显示 From2 窗体，可在 Form1 中编写代码如下：

```
Form2  frm2 = new Form2();
frm2.Show();
```

2. 关闭窗体

调用 Close()方法可关闭一个窗体，关闭窗体后该窗体和所有创建在该窗体中的资源都被销毁。如果要关闭当前窗体，直接在该窗体中编写代码“this.Close();”即可。如果要在当前窗体中关闭另外一个窗体，需要对该窗体对象调用 Close()方法。例如，要在 Form1 中关闭 Form2 窗体的对象 frm2，可在 Form1 中编写代码“frm2.Close();”。

3. 隐藏窗体

调用 Hide()方法可隐藏一个已经显示的窗体，窗体被隐藏后，它和它所包含的对象与变量仍然保留在内存中，只是看不到，需要时还可用 Show()方法或 ShowDialog()方法将该窗体显示出来。

如果要隐藏当前窗体，直接在该窗体中编写代码“this.Hide();”即可。如果要在当前窗体中隐藏另外一个窗体，需要对该窗体对象调用 Hide()方法。例如，要在 Form1 中隐藏已经显示的 Form2 窗体的对象 frm2，可在 Form1 中编写代码“frm2.Hide();”。

在多窗体应用程序中，至少要保证有一个窗体是可见的，否则无法继续操作程序，而只能强制结束该程序。

4. 显示窗体

可调用 Show()方法或 ShowDialog()方法可显示一个已经隐藏的窗体。例如，要在 Form1 中

显示已经隐藏的 Form2 窗体的对象 frm2，可在 Form1 中编写代码“frm2.Show();”。

5. 退出应用程序

对启动窗体调用 Close()方法，可退出整个应用程序。在任何一个窗体中编写代码“Application.Exit();”，可退出整个应用程序。

6. 在窗体之间传递信息

通过一个窗体打开另外一个窗体时，两个窗体之间就存在了一种主从关系，一个称为主窗体，另一个称为从窗体，主窗体和从窗体之间传递信息通过定义类的窗体变量来实现。

在主窗体中定义的从窗体变量，其访问级别一般为 private；在从窗体中定义的主窗体变量，其访问级别一般为 public 或 internal。

例如：

```
private Form2  frm2 ;              //定义从窗体 Form2 的私有变量 frm2
public Form2  frm2 ;               //定义主窗体 Form1 的公共变量 frm1
frm2 = new Form2();                //建立主窗体 Form1 与从窗体 Form2 间的关系
frm2.frm1=this;
frm2.Show();
```

【例 4-11】 设计一个简单的多窗体程序，该程序包含主从两个窗体 Form，在主从窗体间可以来回切换，由主窗体结束程序。程序运行界面分别如图 4.24 和图 4.25 所示。

具体步骤：

（1）设计界面。新建一个 C#的 Windows 应用程序，项目名称设置为 MultiForm，向窗体 From1 添加 2 个 Button、窗体 Form2 添加 1 个 Button，按图 4.24 和图 4.25 进行相应窗体和控件的设置及调整。

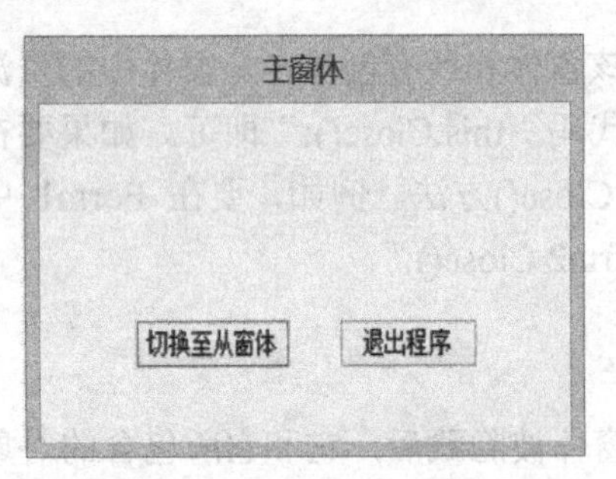

图 4.24　程序运行结果

图 4.25　程序运行结果

（2）设置属性。窗体和控件的属性如表 4.39 所示。

表 4.39　例 4-11 对象的属性设置

对　象	属 性 名	属 性 值
Form1、Form2	Text	主窗体、从窗体
	ControlBox	False
Form1 的 button1、button2	Text	切换至从窗体、退出程序
Form2 的 button1	Text	返回主窗体

（3）在 Form1 中编写代码如下：

```
private void button1_Click(object sender, EventArgs e)
{
    this.Hide();
    Form2 secondf = new Form2();
    secondf.Show();
}
private void button2_Click(object sender, EventArgs e)
{
    Application.Exit();
}
```

（4）在 Form2 中编写代码如下：

```
private void button1_Click(object sender, EventArgs e)
{
    this.Hide ();
    Form1 mainf = new Form1();
    mainf.Show();
}
```

（5）运行程序，查看结果。

4.19　多文档程序

多文档接口（Multiple Document Interface，MDI）是指在一个容器窗体中可以包含多个窗体，每个窗体显示自己的文档，从而实现同时显示多个文档。容器窗体称为父窗口，容器窗体内部的窗体则称为子窗口。Office 的 Word、Excel 和 PowerPoint 就是典型的 MDI 应用程序。

单文档接口（Single Document Interface，SDI）是指一次只能打开一个窗体，一次只能显示一个文档，用户要打开第二个文档就必须打开一个新的程序实例，两个程序实例之间没有关系，对一个实例的任何配置都不会影响另一个实例。Windows 的记事本和写字板是典型的 SDI 应用程序。

4.19.1　创建 MDI 应用程序

MDI 应用程序至少由两个窗口组成，即一个父窗口和一个子窗口。创建 MDI 应用程序的方法如下：

（1）创建一个 Windows 窗体应用程序的项目，项目中自动添加了一个名为 Form1 的窗体。在“属性”窗口中把 Form1 窗体的“IsMdiContainer”属性设置为 True，就可以把 Form1 窗体设为父窗口，如图 4.26 所示。

（2）在项目中添加一个新窗体，窗体名默认为 Form2。只需在父窗口中打开子窗口的代码处添加如下代码，就可以把窗体 Form2 设为子窗口。

```
Form2 frm2 = new Form2();         // 创建子窗体对象
frm2.MdiParent = this;            //指定当前窗体为MDI 父窗体
frm2.Show();                      //打开子窗体
```

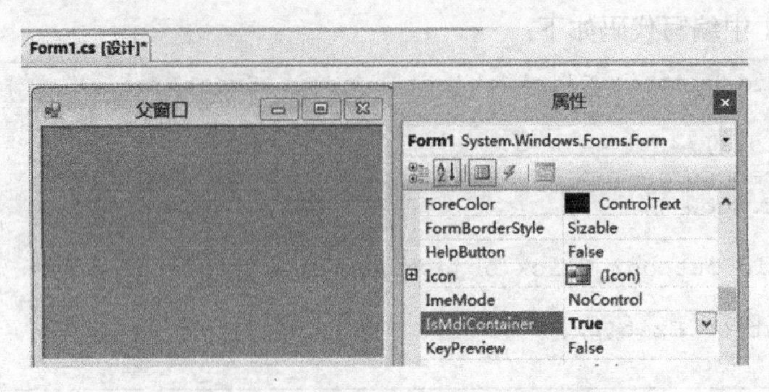

图 4.26　父窗体设置 IsMdiContainer 属性

4.19.2　MDI 的属性、方法和事件

1．MDI 的属性

MDI 的属性见表 4.40 所示。

表 4.40　MDI 的属性

属　性	说　明
ActiveMdiChild	获取当前活动的子窗口，若当前没有子窗口，返回值为 Null
IsMdiChild	判断窗体是否是 MDI 子窗口，是则返回值为 true，否则为 false
IsMdiContainer	判断窗体是否是 MDI 容器，默认值为 false
MdiParent	获取或设置此窗体的当前 MDI 父窗口
MdiChild	获取窗体的数组，这些窗体表示是以此窗体作为父窗口的 MDI 子窗口

2．MDI 的方法

MDI 的方法有 ActivateMdiChild()和 LayoutMDI()。

（1）ActivateMdiChild()方法，其调用格式如下：

```
void ActivateMdiChild(Form form)
```

用于激活窗体的 MDI 子级。参数 form 指定要激活的子窗体。

（2）LayoutMdi()方法，其调用格式如下：

```
void LayoutMdi(MdiLayout value)
```

用于在 MDI 父窗体内排列 MDI 子窗体。参数 value 定义 MDI 子窗体的布局，是 MdiLayout 枚举值之一，见表 4.41。

表 4.41　MdiLayout 枚举成员

成员名称	说　明
ArrangeIcons	所有 MDI 子窗口图标均排列在 MDI 父窗口的工作区内
Cascade	所有 MDI 子窗口均层叠在 MDI 父窗口的工作区内

续表

成 员 名 称	说　明
TileHorizontal	所有 MDI 子窗口均水平平铺在 MDI 父窗口的工作区内
TileVertical	所有 MDI 子窗口均垂直平铺在 MDI 父窗口的工作区内

3. MDI 的事件

MDI 的事件只有 MDIChildActivate，在 MDI 应用程序内激活或关闭 MDI 子窗体时触发。

【例 4-12】 设计一个 MDI 应用程序，该程序包含两个窗体 Form，一个为父窗口、一个为子窗口，父窗口可以打开、排列和关闭子窗口。设计界面分别如图 4.27 和图 4.28 所示。

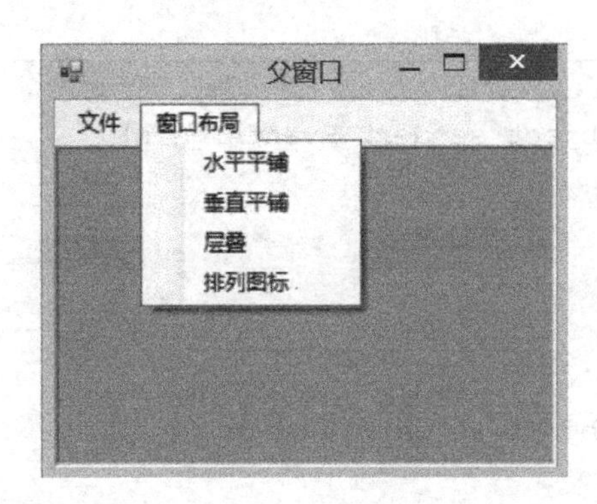

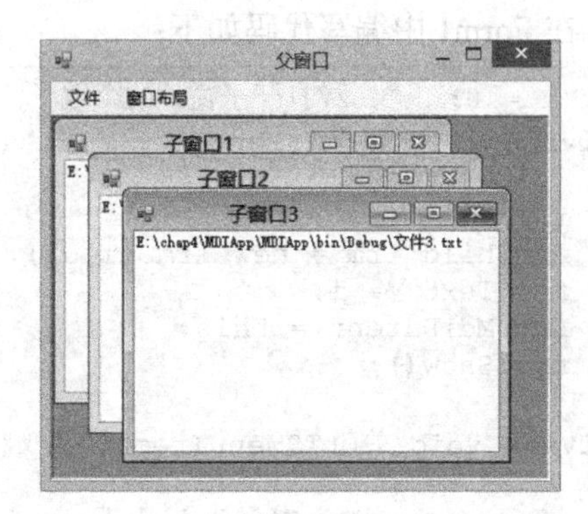

图 4.27　父窗口界面　　图 4.28　子窗口界面

具体步骤：

（1）设计界面。新建一个 C#的 Windows 应用程序，项目名称设置为 MDIApp，向窗体 From1 添加 1 个 MenuStrip、窗体 Form2 添加 1 个 TextBox，按图 4.24 和图 4.25 所示进行相应窗体和控件的设置和调整。

（2）设置属性。窗体和控件的属性见表 4.42。

表 4.42　例 4-12 对象的属性设置

对　　象	属 性 名	属 性 值
Form1- Form2	Text	父窗口，子窗口
	Name	Parent，Child
Form1	WindowState	Maximized
	IsMdiContainer	True
Form1 的 menuStrip1	Items	2 个菜单项，其 Name 属性分别是文件 TSMenuItem、窗口 TSMenuItem；其 Text 属性分别是文件、窗口
Form1 的文件 TSMenuItem	DropDownItems	4 个子菜单项，其 Name 属性分别是打开 TSMenuItem、关闭 TSMenuItem、toolStripSeparator1、退出 TSMenuItem；其 Text 属性分别是打开、关闭、一、退出

续表

对　象	属 性 名	属 性 值
Form1 的窗口 TSMenuItem	DropDownItems	4 个子菜单项，其 Name 属性分别是水平平铺 TsMenuItem、垂直平铺 TsMenuItem、层叠 TsMenuItem、排列图标 TsMenuItem；其 Text 属性分别是水平平铺、垂直平铺、层叠、排列图标
Form2 的 textBox1	Dock	Fill
	Multiline	True
Form2 的 openFileDialog1	FileName	openFileDialog1
	Filter	文本文档（*.txt）|*.txt

（3）在 Form1 中编写代码如下：

```
int i = 0;      //打开子窗体的个数
private void 打开TSMenuItem_Click(object sender, EventArgs e)
{
    i++;
    frmChild frm = new frmChild();
    frm.Text += i;
    frm.MdiParent = this;
    frm.Show();
}
private void 关闭TSMenuItem_Click(object sender, EventArgs e)
{
    if (this.ActiveMdiChild != null)
        this.ActiveMdiChild.Close();
}
private void 退出TSMenuItem_Click(object sender, EventArgs e)
{
    this.Close();
}
private void 水平平铺TSMenuItem_Click(object sender, EventArgs e)
{
    this.LayoutMdi(MdiLayout.TileHorizontal);
}
private void 垂直平铺TSMenuItem_Click(object sender, EventArgs e)
{
    this.LayoutMdi(MdiLayout.TileVertical);
}
private void 层叠TSMenuItem_Click(object sender, EventArgs e)
{
    this.LayoutMdi(MdiLayout.Cascade);
}
private void 排列图标TSMenuItem_Click(object sender, EventArgs e)
{
    this.LayoutMdi(MdiLayout.ArrangeIcons);
}
```

（4）在 Form2 中编写代码如下：

```
private void frmChild_Load(object sender, EventArgs e)
{
    if (openFileDialog1.ShowDialog() == DialogResult.OK)
            textBox1 .Text = openFileDialog1.FileName;
}
```

（5）运行程序，查看结果。

4.20　本章小结

本章讲述了 C#.NET 的窗体及常用控件，包括按钮控件、文本控件、标签控件、单选按钮控件、复选框控件、图片框控件、菜单栏控件、工具栏控件、状态栏控件等；多窗体程序；多文档程序。

1．填空题

（1）Timer 控件的________属性，用来指定时钟空间触发时间的时间间隔，单位毫秒。

（2）________属性用于获取 ListBox1 控件中项的数目。

（3）在 Windows 程序中，若想勾选复选框，则应将该控件的________属性设置为 true。

（4）ComboBox 控件的 SelectedIndex 属性返回对应于组合框中选定项的索引整数值，其中，第 1 项为________，未选中为________。

（5）若要在文本框中输入密码，常指定________属性。

（6）要使 Lable 控件显示给定的文字“您好”，应在设计状态下设置它的________属性值。

（7）右击一个控件时出现的菜单一般称为________。

（8）让控件不可见的属性是________。

（9）要显示消息框，必须调用 MessageBox 类的________静态方法。

（10）若要使一个控件与图像列表组件关联，需要将该控件的________属性设置为图像列表组件的名称。

（11）如果要隐藏并禁用菜单项，需要设置________和________两个属性。

（12）设置需要使用的弹出式菜单的窗体或控件的________属性，即可激活弹出式菜单。

2．选择题

（1）在菜单项 File 中，为将 F 设为助记符，应将该菜单项的 Text 属性设置为________。

A．@File　　B．&File　　C．%File　　D．_File

（2）当运行程序时，系统自动执行启动窗体的________事件。

A．Click　　B．DoubleClick　　C．Load　　D．Activated

（3）若要使 TextBox 中的文字不能被修改，应对________属性进行设置。

A．Locked　　B．Visible　　C．Enabled　　D．ReadOnly

（4）在设计窗口，可以通过________属性向列表框控件（如 ListBox）的列表添加项。

A．Items　　B．Items.Count　　C．Text　　D．SelectedIndex

（5）引用 ListBox（列表框）当前被选中的数据项应使用________语句。

A．ListBox1.Items[ListBox1.Items.Count]

B．ListBox1.Items[ListBox1.SelectedIndex]

C．ListBox1.Items[ListBox1.Items.Count-1]

D．ListBox1.Items[ListBox1.SelectedIndex-1]

（6）窗体中有一个年龄文本框 txtAge，下面________代码可以获得文本框中的年龄值。

A．int age = txtAge;　　B．int age = txtAge.Text;

C．int age = Convert.ToInt32(txtAge);　　D．int age = int.Parse(txtAge.Text);

（7）________控件组合了 TextBox 控件和 ListBox 控件的功能。

A．ComboBox　　B．Label

C．ListView　　D．DomainUpDown

（8）用户单击“消息框”按钮时返回________值。

A．DialogValue　　B．DialogBox

C．DialogCommand　　D．DialogResult

（9）在设计菜单时，若希望某个菜单项前面有一个“√”，应把该菜单项的________属性设置为 true。

A．Checked　　B．RadioCheck　　C．ShowShortcut　　D．Enabled

（10）创建菜单后，为了实现菜单项的功能，应为菜单项添加________事件处理方法。

A．DrawItem　　B．Popup　　C．Click　　D．Select

3．判断题

（1）Windows 应用程序是通过事件触发的。

（2）若想在标签中显示文字，则需设置标签的 name 属性。

（3）ListBox 控件用于显示一个选项列表，用户每次只能从中间选择一项。

（4）要使文本框（TextBox）控件可显示多行文字信息，应设置的属性是 MultiLine。

（5）ToolTip 控件属于可视化对象。

（6）如果将 Timer 控件的 Interval 属性设置为 50，则发生一次 Tick 事件的时间间隔是 0.05 秒。

（7）ComboBox 控件分两个部分显示。

（8）CheckedListBox 控件是由 ListBox 类继承而来。

4．简答题

（1）简述按钮、标签和文本框控件的作用。

（2）单选按钮与复选框控件各有什么作用？

（3）实际应用中，菜单分为哪两种形式？C#中设计主菜单使用哪种控件？

5．上机实操题

（1）编写一个窗体应用程序，输入梯形的上底、下底和高，输出梯形的面积。运行结果如 4.29 所示。

（2）编写一个窗体应用程序，窗体上有 4 个 RadioButton 和 1 个 Button，RadioButton 文本中分别显示计算机应用、软件技术、网络工程和物联网技术，对 4 个 RadioButton 任意选定，单击“确定”按钮后弹出消息框，显示被选中信息。运行结果如图 4.30 所示。

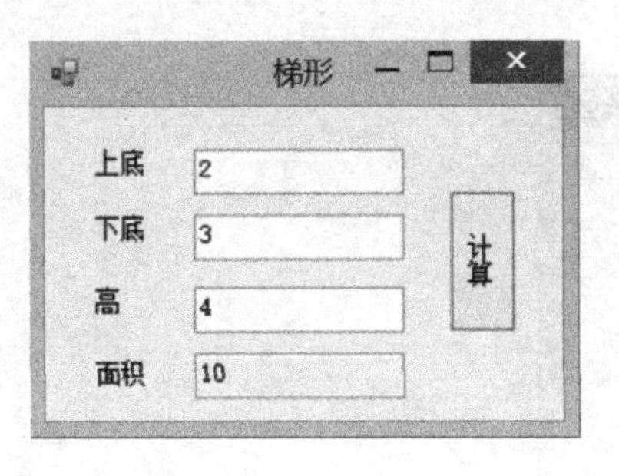

图 4.29　窗体（1）

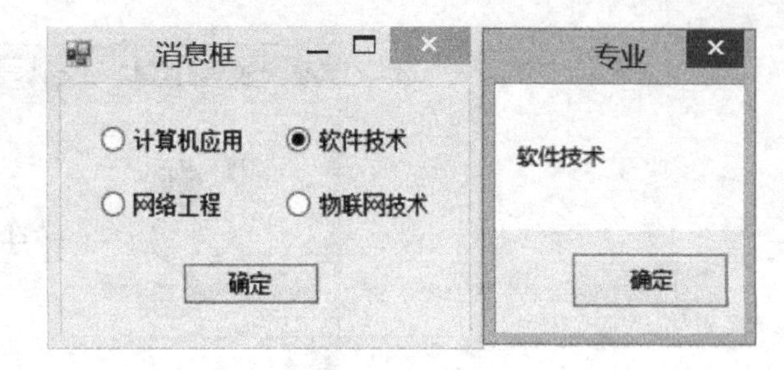

图 4.30　窗体（2）

（3）编写一个窗体应用程序，窗体上有 4 个 CheckBox 和 1 个 Button，CheckBox 文本中分别显示 C#程序设计、SQL Server、.NET Framework 和 ADO.NET，对 4 个 CheckBox 任意选定，单击“确定”按钮后弹出消息框，显示被选中信息。运行结果如图 4.31 所示。

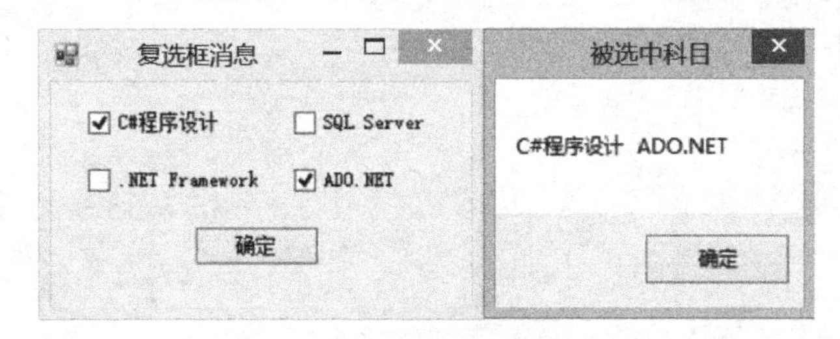

图 4.31　窗体（3）

（4）编写一个窗体应用程序，窗体上有 1 个 TextBox、1 个 Button、2 个 Label，TextBox 文本框用来输入数字，单击 Button 后，在 Label 标签中显示一条消息，指出该数字是否位于 0～100。运行结果如图 4.32 所示。

（5）编写一个窗体应用程序，窗体上有 4 个 Label、2 个 ComboBox、1 个 ListBox、1 个 Button 和 1 个 Timer，计算 2 个 ComboBox 指定年份之间的闰年并输出到 ListBox 中，窗体下方的 Label 用于显示系统当前日期和时间。运行结果如图 4.33 所示。

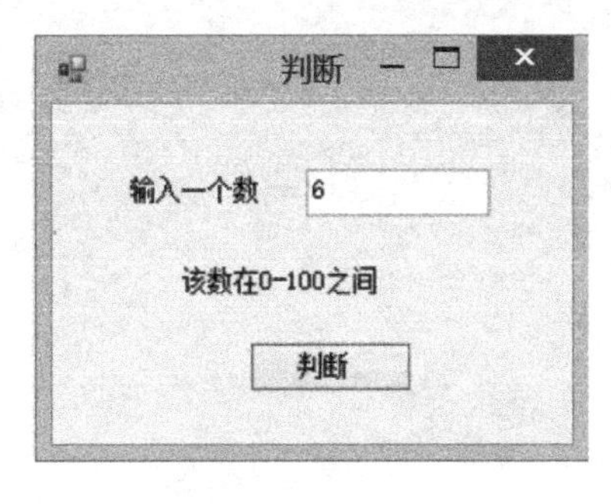

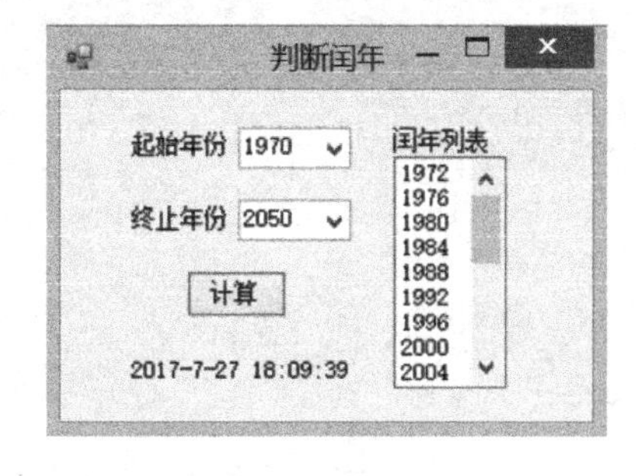

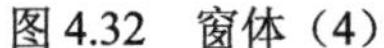

图 4.32　窗体（4）　　图 4.33　窗体（5）

（6）编写一个窗体应用程序，设计一个简单的“红绿黄灯”程序，每隔 20 秒变化一次信号，按照“红灯（15 秒）、黄灯（5 秒）、绿灯（15 秒）、黄灯（5 秒）”的次序循环。窗体上有 1 个 PictureBox、1 个 Label、1 个 Button 和 1 个 Timer，程序所用到的图片放置到项目的 bin\debug\pic 文件夹下。运行结果如图 4.34 所示。

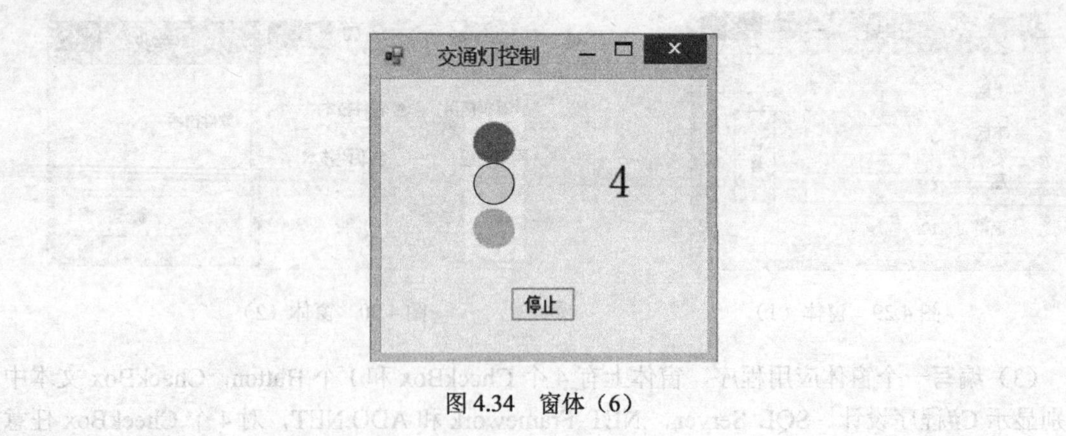

图 4.34　窗体（6）

（7）实现例 4-4。

（8）实现例 4-8。

第 5 章

C#.NET 数据库编程

5.1 ADO.NET 概念

ADO.NET（Active Data Object）是.NET 平台上中的一种数据访问技术，主要提供一个面向对象的数据访问架构，是数据库应用程序与数据源之间建立联系的桥梁。它提供对 Microsoft SQL Server、Oracle 等数据源及通过 OLE DB 和 XML 公开的数据源的一致访问，数据应用程序使用 ADO.NET 连接这些数据源，并进行检索、更新数据等操作。

对象链接与嵌入型数据库（Object Linking and Embedding Database，OLE DB）是通向不同数据源的应用程序接口，不仅面向标准数据接口 ODBC（Open Database Connectivity，开放数据库互连）的 SQL 数据类型，还面向其他非 SQL 数据类型，OLE DB 通常用来提供访问 dbf、xls、mdb 数据文件的接口。

可扩展标记语言（eXtensible Markup Language，XML）主要用于表达数据，是一种与平台无关且能描述复杂数据关系的数据描述语言，.NET Framework 广泛应用了 XML，ADO.NET 内部也是用 XML 来表达数据的。

5.2 ADO.NET 结构

ADO.NET 根据其对象性质的不同，分为数据提供者和数据使用者两个重要组成部分。数据提供者，即.NET Framework 数据提供程序（Data Provider），用于完成从数据源的读取和写入数据等；数据使用者，即 DataSet 及其内部包含的对象，用于完成访问和操作被读到存储介质的数据等。ADO.NET 的结构如图 5.1 所示。

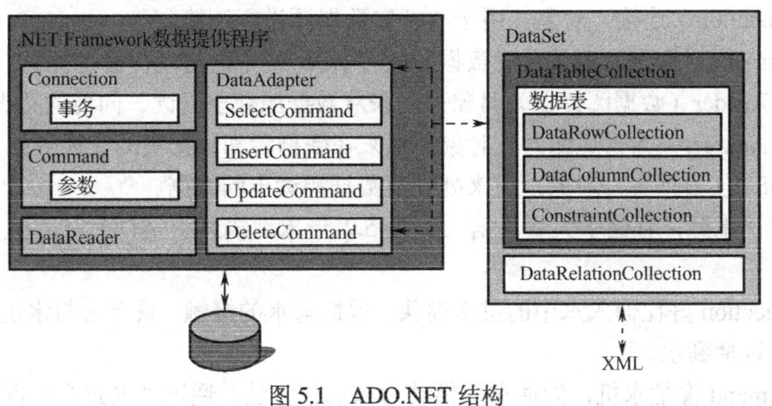

图 5.1　ADO.NET 结构

1．.NET Framework 数据提供程序

.NET Framework 数据提供程序是一个类集，用于连接数据库、执行命令和检索结果，是数据库与应用程序的一个接口件或中间件。可以直接处理检索到的结果，也可以将其放入DataSet 对象中。ADO.NET 包含四种.NET Framework 数据提供程序，分别如下所示。

（1）SQL Server.NET Framework 数据提供程序：

提供对 SQL Server 7.0 版或更高版本中数据的访问，使用 System.Data.SqlClient 命名空间。

（2）OLE DB.NET Framework 数据提供程序

提供对 OLEDB 公开的数据源中数据的访问，使用 System.Data.OleDb 命名空间。

（3）ODBC.NET Framework 数据提供程序

提供对 ODBC 公开的数据源中数据的访问。

（4）Oracle.NET Framework 数据提供程序

提供对 Oracle8.1 或更高版本中数据的访问，使用 System.Data.OracleClient 命名空间。

.NET Framework 数据提供程序的核心元素是 Connection、Command、DataReader 和 DataAdapter 对象，四种数据提供程序都有自己的实际类。例如，Connection 对象在 SQL Server.NET Framework 数据提供程序中是通过 SqlConnection 类实现的。

通过数据提供程序所提供的应用程序编程接口（Application Programming Interface，API）可以轻松地访问各种数据源的数据。

2．数据集（DataSet）

DataSet 相当于内存中的数据库，是不依赖于数据库的独立数据集，即使断开数据连接、DataSet 仍然可用，DataSet 及其内部包含的 DataTable、DataColumn、DataRow、DataRelation 等对象，用于实现独立于任何数据源的数据访问。

DataSet 包含一个或多个 DataTable 对象的集合，这些对象由数据行 DataRow 和数据列 DataColumn，以及有关 DataTable 对象中数据的主键、外键、约束和关系信息组成。

5.3 ADO.NET 对象模型

ADO.NET 有 5 个核心对象：

（1）Connection（连接）对象：用于与特定数据源进行连接。

（2）Command（命令）对象：对数据源执行 SQL 命令语句或存储过程。

（3）DataReader（数据阅读器）对象：用来从数据源获取只读、向前的数据流。

（4）DataAdapter（数据适配器）对象：用来在数据源和数据集间交换数据。

（5）DataSet（数据集）对象：用来处理从数据源读出的数据。

数据库好比水源，存储了大量数据，如图 5.2 形象地描述了 ADO.NET 五大核心对象。其中：

（1）Connection 好比伸入水中的进水笼头，保持与水的接触，只有它与水进行了“连接”，其他对象才可以抽到水。

（2）Command 像抽水机，为抽水提供动力和执行方法，通过“水龙头”再把水返给上面

的“水管”。

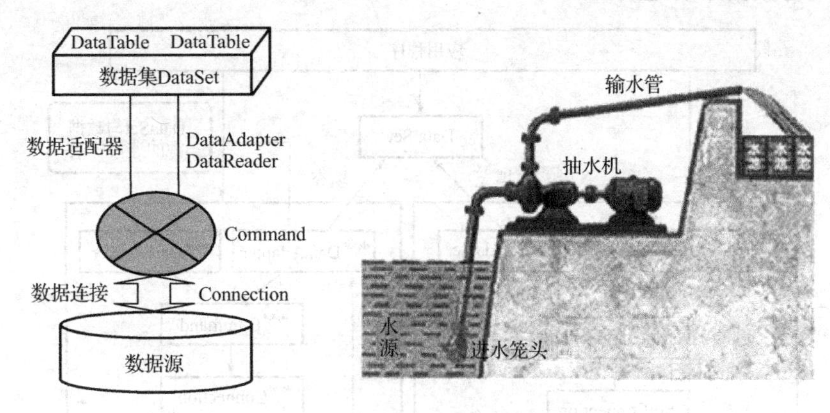

图 5.2　ADO.NET 五大核心对象

（3）DataAdapter、DataReader 就像输水管，担负着输送水的任务，起着桥梁的作用。DataAdapter 是一根输水管，通过发动机，把水从水源输送到水库里保存起来；DataReader 也是一根输水管，但 DataReader 不把水输送到水库里，而是单向地直接把水送到需要水的用户那里，所以要比在水库中转一下更快。

（4）DataSet 是一个大水库，抽上来的水存放在各个水池子里。DataTable 就像水库中的每个独立的水池子，分别存放不同种类的水。一个大水库就是由一个或多个这样的水池子组成，即使撤掉“抽水装置”（断开连接、离线状态），也可以保持“水”的存在。

5.4　使用 ADO.NET 访问数据库

当应用程序需要连接数据库时，首先需要用 Connection 对象连接数据库，再用 Command 对象对数据库进行操作，Command 对象的执行结果可以被 DataReader 对象读取，也可以被 DataAdapter 对象用来填充 DataSet 对象。当 DataReader 读取时，只读一条数据，而 DataAdapter 对象则把所有数据填充给 DataSet，所以说 DataAdapter 对象是 DataSet 对象与数据库的桥梁。概而言之，使用 ADO.NET 的 Connection、Command 和 DataReader 对象，是联机模式下访问数据库；使用 ADO.NET 的 ADO.NET 的 Connection、Command、DataAdapter 和 DataSet 对象，是脱机模式下访问数据库。访问数据库的过程如图 5.3 所示。

5.4.1　Connection 对象

Connection 对象负责在应用程序与数据源之间建立连接。Connection 对象的主要成员见表 5.1。

Connection 对象的使用步骤：

（1）引入 ADO.NET 命名空间。

（2）创建 Connection 对象，设置其 ConnectionString 属性。

（3）打开与数据库的连接。

（4）对数据库进行读写操作。

（5）关闭与数据库的连接。

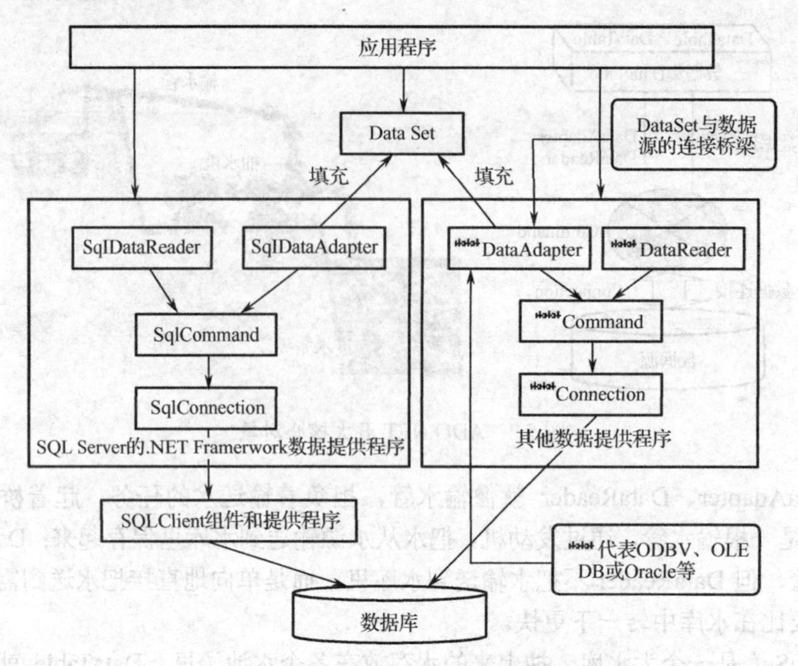

图 5.3　ADO.NET 访问数据库

表 5.1　Connection 对象的主要成员

成　员	说　明
ConnectionString 属性	连接字符串，用于获取或设置连接到数据库的信息
Open()方法	使用 ConnectionString 所指定的属性来打开数据库连接
Close()方法	关闭数据库连接
StateChange 事件	当连接状态发生更改时触发该事件

1. 引入命名空间

要使用 ADO.NET 访问数据库，必须先引入相应的命名空间。ADO.NET 的相关命名空间有 System.Data、System.Data.SqlClient、System.Data.OleDb、System.Data.Odbe 和 System.Data. OracleClient。其中，System.Data 提供对表示 ADO.NET 结构的类的访问，用于有效管理多个数据源的数据；System.Data.SqlClient 包含 SQL Server.NET Framework 数据提供程序类；System.Data.OleDb 包含 OLE DB.NETFramework 数据提供程序的类；System.Data.Odbe 包含 ODBC.NET Framework 数据提供程序的类；System.Data. OracleClient 包含 Oracle.NET Framework 数据提供程序的类。

新建一个 C#的窗体应用程序，会自动引入 System.Data 命名空间，其他命名空间可以根据数据源的类型用 using 指令引入。一般情况下，访问 Access 数据库，利用“using System.Data.OleDb;”指令引入 OleDb 命名空间；访问 SQL Server 数据库，利用“using System.Data.SqlClient;”指令引入 SqlClient 命名空间；访问 Oracle 数据库，利用“using System.Data.OracleClient;”指令引入 OracleClient 命名空间。

其中，利用“using System.Data.OracleClient;”指令引入 OracleClient 命名空间时，需先在“添加引用”的“.NET”选项卡中找到“System.Data.OracleClient”选项，方可使用 using 指令，如图 5.4 所示。

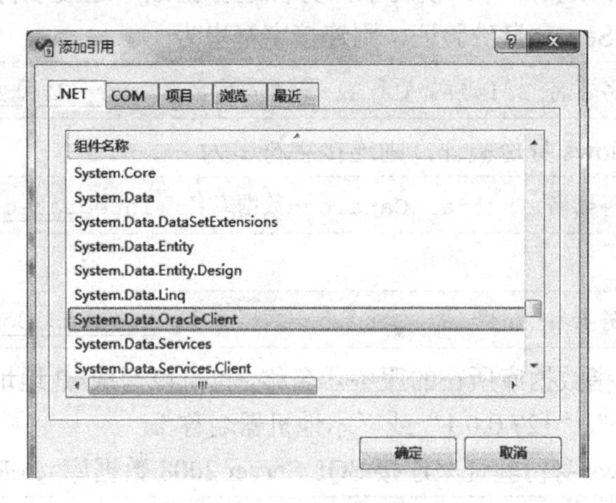

图 5.4　添加 OracleClient 的引用

2. 创建 Connection 对象并设置 ConnectionString 属性

ConnectionString 连接字符串是 Connection 对象的关键属性，用于定义连接数据库时需要提供的连接信息，如数据库类型、位置等，各项信息之间用分号分隔，每个项的位置没有关系，可以是任意的。

连接字符串中包含的常用信息见表 5.2。

表 5.2　ConnectionString 的常用信息

信　息　项	说　　明
Provider	指定连接字符串中的 OLE DB 数据驱动程序的名称：SQLOLEDB 用于为 SQL Server 的 Microsoft OLE DB 提供服务；MSDAORA 用于为 Oracle 的 Microsoft OLE DB 提供服务；Microsoft.Jet.OLEDB.4.0 用于为 Microsoft Jet 的 OLE DB 提供服务
Data Source	指定数据库的位置，可以是 Access 数据库的路径，也可以是 SQL Server 或 Oracle 数据库所在服务器的名称
Initial Catalog	当连接到 SQL Server 或 Oracle 数据库时，设定数据库的名称
User ID 或 UID	指定服务数据库的有效账户（用户名）
Password 或 PWD	指定服务数据库的有效账户的密码
Integrated Security 或 Trusted_Connection	指定 Windows 身份验证，如集成安全或信任连接，取值 true、yes 或与 true 等效的 SSPI（Security Support Provider Interface）时，将当前的 Windows 账户凭据进行身份验证，不必再使用账户和密码；取值 false 或 no 时，需要在连接中指定账户和密码

（1）创建 SqlConnection 对象，设置其 ConnectionString 属性。

创建 SqlConnection 对象，并设置其 ConnectionString 属性有两种方法：

① 连接字符串变量 = 连接字符串;

　SqlConnection 连接对象名 =new SqlConnection(连接字符串变量);

② SqlConnection 连接对象名 = new SqlConnection( );

连接对象名.ConnectionString = 连接字符串;

在访问 SQL Server 数据库时，使用不同身份进行验证，连接字符串也有所不同。

① 如果使用 SQL Server 身份验证，则连接字符串为

```
Data Source=服务器名;Initial Catalog=数据库名; User ID=账户; Password=密码
```

② 如果使用 Windows 身份验证，则连接字符串为

```
Data Source=服务器名;Initial Catalog=数据库名; Integrated Security=SSPI
```

或

```
Data Source=服务器名;Initial Catalog=数据库名; Trusted Connection =yes
```

其中，服务器名是指数据库所在的服务器名称，也可以写成 IP 地址；如果是本地服务器，可以写成“.”、“(local)”、“127.0.0.1”或“本地机器名称”。

例如，使用 Windows 身份验证来连接 SQL Server 2008 数据库 teleRecord，编写代码如下：

```
string strConn= "Data Source=.;Initial Catalog=teleRecord;Trusted_
Connection =yes";
SqlConnection conn = new SqlConnection(strConn);
```

或

```
SqlConnection conn = new SqlConnection();
conn.ConnectionString = "Data Source=(local);Initial Catalog=teleRecord;
Integrated Security=SSPI ";
```

（2）创建 OleDbConnection 对象，设置其 ConnectionString 属性。

创建 OleDbConnection 对象，设置其 ConnectionString 属性有两种方法：

① 连接字符串变量 = 连接字符串;

OleDbConnection 连接对象名 = new OleDbConnection(连接字符串变量);

② OleDbConnection 连接对象名 = new OleDbConnection( );

连接对象名.ConnectionString = 连接字符串;

在访问 Access 数据库时，数据库是否设置密码，连接字符串也有所不同。

① 如果数据库未设置密码，则连接字符串为

```
Provider=Microsoft.Jet.OLEDB.4.0;Data Source=数据库路径
```

或者

```
Provider=Microsoft.Jet.OLEDB.4.0;Data Source=数据库路径;User ID=Admin;
Password=
```

② 如果数据库使用密码，则连接字符串为

```
Provider=Microsoft.Jet.OLEDB.4.0;Data Source=数据库路径;Jet OLEDB:
Database Password=密码
```

例如，访问 D 盘上的 Access 2003 数据库 teleRecord，编写代码如下：

```
OleDbConnection conn = new OleDbConnection();
conn.ConnectionString = " Provider=Microsoft.Jet.OLEDB.4.0;Data Source=
 d:\\ teleRecord.mdb";
```

或者

```
String strConn= " Provider=Microsoft.Jet.OLEDB.4.0;Data Source=
d:\\ teleRecord.mdb";
OleDbConnection conn = new OleDbConnection(strConn);
```

3. 打开与关闭数据库连接

设置好 ConnectionString 属性之后，就可以对 Connection 对象调用 Open()方法打开连接，格式如下：

```
连接对象名.Open();
```

连接打开后，可以利用其他 ADO.NET 对象对数据库进行读写操作。完成相关操作后，必须调用 Connection 对象的 Close()方法来关闭连接并释放 Connection 对象，格式如下：

```
连接对象名.Close();
```

5.4.2 Command 对象

与数据库建立好连接后，通过 Command 对象对数据库下达读写数据的 SQL 命令，这些 SQL 包括 Select、Insert、Update、Delete 等。如果是执行检索命令，那从数据库取回来的数据可放在 DataAdapter 或 DataReader 对象中。

Command 对象的常用属性见表 5.3。

表 5.3　Command 对象的常用属性

属　性	说　明
CommandText	设置或获取要执行 SQL 语句
CommandType	设置一个值，该值指示 SQL 语句还是存储过程，默认值为 Text
Connection	设置或获取 Command 使用的 Connection

Command 对象的常用方法见表 5.4 所示。

表 5.4　Command 对象的常用方法

方　法	说　明
ExecuteReader()	返回一行或多行。多用于 SELECT 查询数据
ExecuteNonQuery()	对 Connection 执行 SQL 语句，并返回受影响的行数（int），多用于 INSERT、UPDATE、DELETE、CREATE 等操作
ExecuteScalar()	返回单个值。返回结果集中第一行的第一列。忽略额外的列或行
ExecuteXmlReader()	将 CommandText 发送到 Connection 并生成一个 XmlReader 对象

Command 对象的使用步骤：

（1）创建 Command 对象，设置其 Connection 属性。

（2）设置 CommandType 和 CommandText 属性。

（3）调用相应方法执行 SQL 命令。

（4）根据返回结果进行适当处理。

1. 创建并使用 SqlCommand 对象

创建并使用 SqlCommand 对象有两种方法:

（1）SqlCommand 命令对象名 = new SqlCommand ();

命令对象名.Connection = 连接对象名;

命令对象名. CommandType = CommandType.枚举成员;

命令对象名. CommandText = 命令文本;

方法返回值变量 =命令对象名. Execute…();

（2）SqlCommand 命令对象名 = new SqlCommand (命令文本,连接对象名);

命令对象名. CommandType = CommandType.枚举成员;

方法返回值变量 =命令对象名. Execute…();

例如，要获取 SQL Server 2008 数据库 TeleRecord 中 teleInfo 表中的记录数量，编写代码如下：

```
SqlCommand comm = new SqlCommand ();
comm.Connection=conn;              //conn 是之前设置好的 SqlConnection 对象
comm.CommandType = CommandType.Text;
comm.CommandText = "select count(*) from teleInfo";
int iCount = comm. ExecuteScalar ();
MessageBox.Show("teleInfo 表中共有"+ iCount.ToString()+"条记录");
```

或者

```
SqlCommand comm = new SqlCommand ("select count(*) from teleInfo", conn);
//conn 是之前设置好的 SqlConnection 对象
comm.CommandType = CommandType.Text;
int iCount = comm. ExecuteScalar ();
MessageBox.Show("teleInfo 表中共有"+ iCount.ToString()+"条记录");
```

2. 创建并使用 OledbCommand 对象

与创建并使用 SqlCommand 对象类似。

例如，要在 Access 数据库 TeleRecord 中的 teleInfo 表中删除用户账号包含“1001”的记录，编写代码如下：

```
OleDbCommand comm = new OleDbCommand ();
comm.Connection = conn; //conn 是之前设置好的 OleDbConnection 对象
comm.CommandText = "delete from teleInfo where userid like '%1001%'";
int iDel = comm. ExecuteNonQuery ();
MessageBox.Show("teleInfo 表中共有"+ iDel.ToString()+ "条记录被删除");
```

5.4.3 DataReader 对象

DataReader 对象提供一种从数据库读取行的只进流的联机数据访问方式，包含在 DataReader 中的数据是由数据库返回的只读、只能向下滚动的流信息，适用于只需读取一次数据的应用。因为联机访问，一直占有连接资源，所以不需要时一定要关闭。

1．DataReader 对象的常用属性

DataReader 对象的常用属性见表 5.5 所示。

表 5.5　DataReader 对象的常用属性

属　性	说　明
RecordsAffected	获取执行 SQL 语句所更改、插入或删除的行数；若没有任何行受到影响或语句失败，则为 0；若执行的是 Select 语句，则为-1
FieldCount	获取当前行中的列数，默认值为-1；若未放在有效的记录集中，则为 0
HasRows	获取一个值用于指示 DataReader 对象是否包含一行或多行
IsClosed	获取一个值用于指示 DataReader 对象是否已关闭

2．DataReader 对象的常用方法

DataReader 对象的常用方法见表 5.6 所示。

表 5.6　DataReader 对象的常用方法

方　法	说　明
Close()	关闭 DataReader 对象
Read()	使数据读取器前进到下一条记录；若还有记录，返回值为 true，否则为 false
NextResult()	当读取批处理 SQL 语句的结果时，使数据读取器前进到下一个结果集；若存在多个结果集，返回值为 true，否则为 false
GetName（int index）	获取指定列的名称，列序号从 0 开始
GetOrdinal（string name）	获取指定列序号的列名称
GetValue（int i）	获取当前行指定列序号的值

使用 DataReader 对象时，先要建立与数据库的连接，再创建要执行的 Command 对象，然后调用 Command 对象的 ExecuteReader()方法创建一个 DataReader 对象。DataReader 对象创建好后，就可以使用 DataReader 对象的 Read()方法将隐含的记录指针指向第一个结果集的第一条记录；之后，每调用一次 Read()方法获取一行数据记录，并将隐含的记录指针向后移动一步。

【例 5-1】编写一个 Windows 窗体应用程序，浏览 SQL Server 数据库 teleRecord 中 teleInfo 表中的数据。程序运行结果如图 5.5 所示。

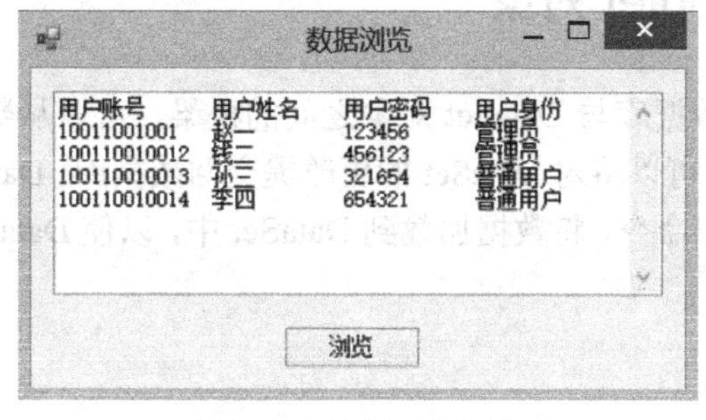

图 5.5　程序运行结果

具体步骤：

（1）设计界面。新建一个C#的Windows窗体应用程序，项目名称设置为Query，项目所用到的数据库放在\Query\database文件夹里，向窗体中添加1个TextBox、1个Button，按图5.5所示调整控件位置和窗体尺寸。

（2）设置属性。窗体和控件的属性见表5.7。

表5.7 例5-1 对象的属性设置

对　象	属 性 名	属 性 值
Form1	Text	数据浏览
	MaximizeBox	False
textBox1	ScrollBar	Both
Button1	Text	浏览

（3）编写代码。利用“查看代码”功能进入“代码”视图，编写“using System.Data.SqlClient;”语句导入SQL Server命名空间。双击button1，在button1_Click事件添加代码如下：

```
private void button1_Click(object sender, EventArgs e)
{
    string connstr = "Data Source=(local);Initial Catalog=teleRecord;
Integrated Security=SSPI";
    SqlConnection conn = new SqlConnection(connstr);
    conn.Open();
    string selstr = "select * from teleinfo";
    SqlCommand comm = new SqlCommand(selstr, conn);
    SqlDataReader dr;
    dr = comm.ExecuteReader();
    textBox1.Text = "用户账号      用户姓名    用户密码    用户身份\r\n";
    string strinfo = "";
    while (dr.Read())
    {
        for (int i = 0; i < dr.FieldCount ; i++) strinfo += dr[i] + "  ";
        strinfo += "\r\n";
    }
    textBox1.Text = textBox1.Text+strinfo;
    dr.Close();
    conn.Close();
}
```

（4）运行程序，查看结果。

5.4.4 DataAdapter对象

DataAdapter对象是数据库与DataSet对象之间的桥梁，可以从数据库中获取数据并填充DataSet中的表和约束，也可以将对DataSet的更改提交回数据库。DataAdapter使用Command对象在数据源中执行SQL命令，将数据加载到DataSet中，以使DataSet中数据的更改与数据源保持一致。

1. DataAdapter 的主要属性

DataAdapter 的主要属性见表 5.8。

表 5.8　DataAdapter 的主要属性

属　性	说　明
SelectCommand	Command 对象，在数据库中检索记录
InsertCommand	Command 对象，在数据库中插入新记录
UpdateCommand	Command 对象，在数据库中修改记录
DeleteCommand	Command 对象，在数据库中删除记录

如果设置了 DataAdapter 的 SelectCommand 属性，即可以创建一个 CommandBuilder 对象来自动生成用于单表更新的 SQL 语句。CommandBuilder 对象用于自动生成更新数据库的单表命令，可以简化设置 DataAdapter 对象的 InsertCommand、UpdateCommand 和 DelectCommand 属性的操作。

2. DataAdapter 的常用方法

DataAdapter 的常用方法见表 5.9。

表 5.9　DataAdapter 的常用方法

方　法	说　明
Fill()	执行 SelectCommand 操作，从数据库获取数据填充到 DataSet 对象，并返回成功添加或更新的行数
Updata()	执行 InsertCommand、UpdateCommand、DeleteCommand 操作，把在 DataSet 对象进行的插入、修改、删除更新到数据库中，并返回成功更新的行数

1）*Fill()方法*

格式 1：Fill (DataSet dataSet)。

在 DataSet 对象中创建一个名为“Table”的 DataTable 对象并为之添加或刷新行。

格式 2：Fill (DataTable dataTable)。

在 DataTable 对象中添加或刷新行。

格式 3：Fill (DataSet dataSet, string srcTable)。

从指定的表中提取数据来填充 DataSet 对象。

2）*Update()方法*

格式 1：Update (DataSet dataSet)。

为指定 DataSet 对象中每个已插入、已更新或已删除的行调用相应的 Insert、Update 或 Delete 语句。

格式 2：Update (DataTable dataTable)。

为指定 DataTable 对象中每个已插入、已更新或已删除的行调用相应的 Insert、Update 或 Delete 语句。

格式 3：Update (DataSet dataSet, string srcTable)。

为指定 DataTable 名称的 DataSet 对象中每个已插入、已更新或已删除的行调用相应的

Insert、Update 或 Delete 语句。

3. 创建并使用 SqlDataAdapter 对象

（1）创建 SqlDataAdapter 对象填充 DataSet 对象，格式如下：

```
SqlDataAdapter 数据适配器对象 = new SqlDataAdapter(命令对象);
数据适配器对象.Fill(参数);
```

或者

```
SqlDataAdapter 数据适配器对象 = new SqlDataAdapter();
数据适配器对象.SelectCommand = 命令对象;
数据适配器对象.Fill(参数);
```

（2）使用 SqlDataAdapter 对象更新数据库，格式如下：

```
SqlCommandBuilder 命令构造器对象 = new SqlCommandBuilder(数据适配器对象);
数据适配器对象.Update(参数);
```

或者

```
SqlCommandBuilder 命令构造器对象 = new SqlCommandBuilder();
命令构造器对象.DataAdapter = 数据适配器对象;
数据适配器对象.Update(参数);
```

例如:要在 SQL Server 2008 数据库 TeleRecord 中的 teleInfo 表中删除用户账号包含“1001”的记录，编写代号如下：

4. 创建并使用 OleDbDataAdapter 对象

与创建并使用 SqlDataAdapter 对象类似。

例如，要在 Access 2003 数据库 TeleRecord 中的 teleInfo 表中删除用户账号包含“1001”的记录，编写代码如下：

```
String strConn= " Provider=Microsoft.Jet.OLEDB.4.0;Data Source=
d:\\ teleRecord.mdb";
OleDbConnection conn = new OleDbConnection(strConn);
DataSet myds = new DataSet();
string selstr = " select * from teleinfo";
OleDbDataAdapter myadapter = new OleDbDataAdapter(selstr, conn);
myadapter.Fill(myds, " teleinfo");
string delstr = " delete from teleInfo where userid like '%1001%'";
myadapter = new OleDbDataAdapter(delstr, conn);
myadapter.Update(myds, " teleinfo");
```

【例 5-2】 编写一个 Windows 窗体应用程序，将 SQL Server 数据库 teleRecord 中 teleInfo 表的用户账号数据显示在组合框中。程序运行结果如图 5.6 所示。

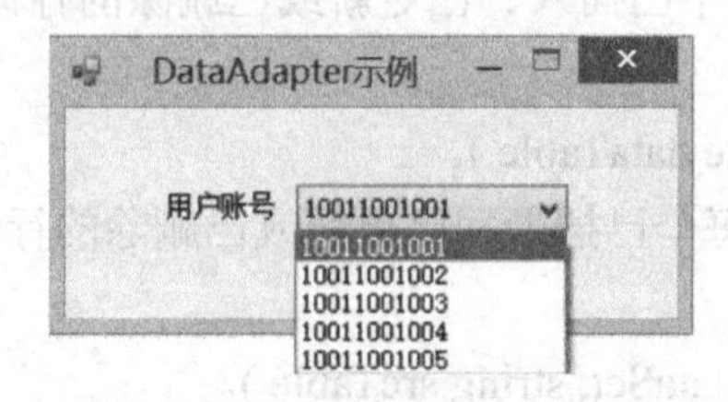

图 5.6　程序运行结果

具体步骤：

（1）设计界面。新建一个 C#的 Windows 窗体应用程序，项目名称设置为 Adapter，项目所用到的数据库放在\Adapter\database 文件夹里，向窗体中添加 1 个 Label、1 个 ComboBox，按图 5.6 所示调整控件位置和窗体尺寸。

（2）设置属性。窗体和控件的属性见表 5.10。

表 5.10 例 5-2 对象的属性设置

对 象	属 性 名	属 性 值
Form1	Text	DataAdapter 示例
	MaximizeBox	False
comboBox1	DropDownStyle	DropDownList
label1	Text	用户账号

（3）编写代码。利用“查看代码”功能进入“代码”视图，编写“using System.Data.SqlClient;”语句导入 SQL Server 命名空间。双击 Form1，在 Form1_Load 事件添加代码如下：

```
    private void Form1_Load(object sender, EventArgs e)
    {
        string connstr = "Data Source=(local);Initial Catalog=teleRecord;
Integrated Security=SSPI";
        SqlConnection conn = new SqlConnection(connstr);
        DataSet myds = new DataSet();
        string selstr = "select * from teleinfo";
        SqlDataAdapter myadapter = new SqlDataAdapter(selstr, conn);
        myadapter.Fill(myds, " teleinfo");
        comboBox1.DataSource = myds;
        comboBox1.ValueMember = " teleinfo.userid";
    }
```

（4）运行程序，查看结果。

5.4.5 DataSet 对象

ADO.NET 支持离线访问，即在非连接环境下对数据进行处理，DataSet 数据集是支持离线访问的关键对象。DataSet 对象是一个存储在客户端内存中的临时数据库，客户端的所有存取操作都是对 DataSet 对象进行的。

1. DataSet 对象的工作原理

DataSet 对象的工作原理如图 5.7 所示：客户端与数据库服务器建立连接并请求访问数据后，数据库服务器将数据发送给 DataSet 对象，然后与客户端断开连接；DataSet 对象暂存客户端向数据库服务器请求访问的数据，并在需要时将数据传递给客户端；客户端对数据进行修改后，先将修改后的数据存储在 DataSet 对象中，然后客户端与数据库服务器建立连接，将 DataSet 对象中修改后的数据提交到数据库服务器。即在获取数据库中的数据时，应用程序并不直接对数据库进行操作（直接在程序中调用存储过程的除外），而是完成和数据库的连接后，通过数据适配器（DataAdapter）把数据库中的数据填入 DataSet 对象，然后客户端再通过读取 DataSet 来获得需要的数据。同样，在更新数据库中的数据时，也是先更新 DataSet，再通过 DataSet 和 DataAdapter 将更新的数据同步地更新到数据库中。

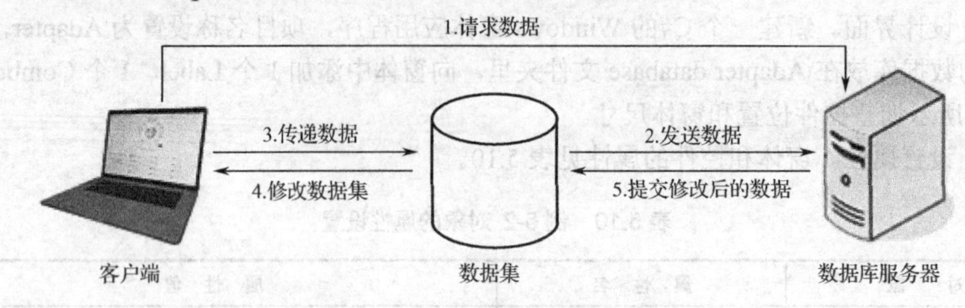

图 5.7 DataSet 对象的工作原理

2. DataSet 对象的基本结构

DataSet 对象是一个或多个 DataTable 对象和 DataRelation 对象的集合，分别通过 Tables 和 Relations 属性对这两类对象进行管理。DataTable 对象相当于数据库中的表，一个 DataTable 对象可以有多个 DataRow、DataColumn 和 Constraint 对象；DataRow 对象相当于数据表中的行，代表一条记录；DataColumn 对象相当于数据表中的列，代表一个字段；Constraint 对象相当于数据表中的约束，代表在 DataColumn 对象上强制的约束；DataRelation 对象相当于数据库中的关系，用来建立 DataTable 与 DataTable 间的父子关系。DataSet 对象的基本结构如图 5.8 所示。

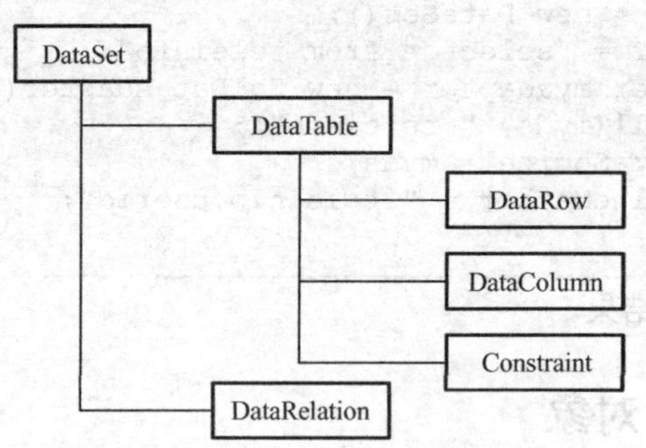

图 5.8 DataSet 对象的基本结构

3. 创建和使用 DataSet 对象

创建 DataSet 对象有两种方法：

（1）DataSet 数据集对象= new DataSet();

用于创建一个名为“NewDataSet”的数据集。例如：

```
DataSet ds1 = new DataSet();
```

（2）DataSet 数据集对象 = new DataSet(string dataSetName);

用于创建一个由参数指定名称的数据集。例如：

```
DataSet ds2 = new DataSet("MyDS");          //创建一个名为“MyDS”的数据集
```

5.5　DataGridView 控件

DataGridView 是用于显示和编辑数据的可视化控件，可以像 Excel 表格一样方便地显示和编辑来自多种不同类型的数据源的表格数据。DataGridView 控件提供了大量的属性、方法和事件，用来自定义控件的外观和行为。DataGridView 控件允许通过可视化操作来改变外观，用户可以根据自己的需要定制不同风格的表格。

1．DataGridView 的常用属性

除了 Name、Anchor、BackgroundColor、BorderStyle、Dock、Enabled、ReadOnly、Visible 等常用属性，DataGridView 控件的特有属性见表 5.11。

表 5.11　DataGridView 的特有属性

属　性	说　明
AllowUserToAddRows	指示是否允许用户添加行，默认值为 True
AllowUserToDeleteRows	指示是否允许用户删除行，默认值为 True
DataSource	获取或设置 DataGridView 所显示数据的数据源
DataMember	获取或设置数据源中 DataGridView 显示其数据的列表或表的名称
Rows	获取一个集合，该集合包含 DataGridView 控件中的所有行
Columns	获取一个集合，该集合包含 DataGridView 控件中的所有列

2．DataGridView 的数据显示

DataGrid 控件以表的形式显示数据，并根据需要支持数据编辑功能，如插入、修改、删除、排序等。一般情况下，使用 DataGridView 显示数据时只需设置 DataGridView 的 DataSource 属性即可。在绑定到包含多个列表或表的数据源时，还需将 DataMember 属性设置为指定要绑定的列表或表的字符串。

【例 5-3】 编写一个 Windows 窗体应用程序，设计对 SQL Server 数据库 teleRecord 中 teleInfo 表的模糊查询。程序运行结果如图 5.9 所示。

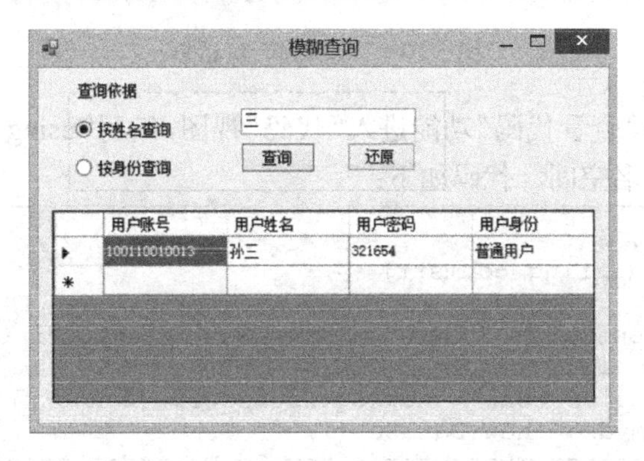

图 5.9　程序运行结果

具体步骤：

（1）设计界面。新建一个 C#的 Windows 窗体应用程序，项目名称设置为 VagueQuery，项目所用到的数据库放在\Adapter\database 文件夹里，向窗体中添加 1 个分组框（GroupBox）、1 个文本框（TextBox）、2 个单选按钮（RadioButton）、2 个命令按钮（Button）、1 个 DataGridView，按图 5.9 所示调整控件位置和窗体尺寸。

（2）设置属性。窗体和控件的属性见表 5.12。

表 5.12 例 5-3 对象的属性设置

对　　象	属 性 名	属 性 值
Form1	Text	模糊查询
	MaximizeBox	False
groupBox1	Text	查询依据
radioButton1、radioButton2	Text	按姓名查询、按身份查询
button1、button2	Text	查询、还原
dataGridView1	AllowUserToAddRows	False
	AllowUserToDeleteRows	False

在 dataGridView1 上右击，在弹出的快捷菜单中选择“编辑列”选项，弹出“编辑列”对话框，在添加列里分别输入“用户账号”、“用户姓名”、“用户密码”、“用户身份”，在各自 DataPropertyName 里分别输入“userid”、“username”、“password”、“useridentity”，如图 5.10 所示。

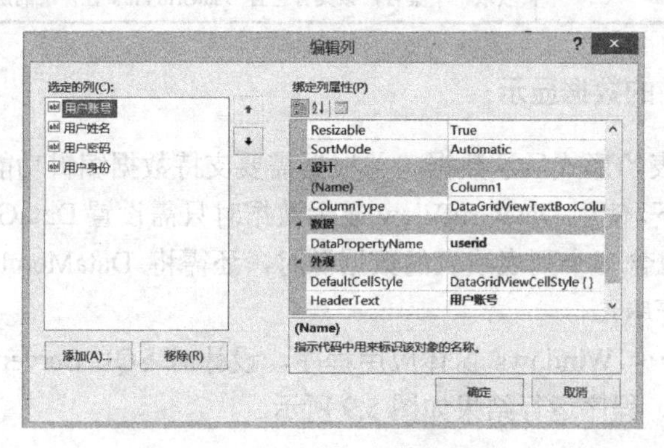

图 5.10 “编辑列”对话框

（3）编写代码。利用“查看代码”功能进入“代码”视图，编写“using System.Data.SqlClient;”语句导入 SQL Server 命名空间，代码如下：

```
    //编写自定义方法 CX
    private void cx(string commstr)
    {
        string connstr = "Data Source=(local);Initial Catalog=teleRecord;
Integrated Security=SSPI";
        SqlConnection conn = new SqlConnection(connstr);
        DataSet myds = new DataSet();
        SqlDataAdapter myadapter = new SqlDataAdapter(commstr, conn);
        myadapter.Fill(myds, " teleinfo");
```

```
        dataGridView1.DataSource = myds;
        dataGridView1.DataMember = " teleinfo";
    }
    //在Form1_Load事件中添加代码
    private void Form1_Load(object sender, EventArgs e)
    {
        string commstr = "select * from teleinfo";
        cx(commstr);
    }
    //在button1_Click事件中添加代码
    private void button1_Click(object sender, EventArgs e)
    {
        if (radioButton1.Checked)
        {
            string commstr = "select * from teleinfo where " + "username like
'%" + textBox1.Text.Trim() + "%'";
            cx(commstr);
        }
        else
        {
            string commstr = "Select * From teleinfo where " + "useridentity
like '%" + textBox1.Text.Trim() + "%'";
            cx(commstr);
        }
        }
        //在button2_Click事件中添加代码
        private void button2_Click(object sender, EventArgs e)
        {
            Form1_Load(sender, e);
      }
```

（4）运行程序，查看结果。

5.6 数据绑定

所谓数据绑定，就是把数据源中的数据提取出来显示在窗体的各种控件上，用户可以通过这些控件查看和修改数据，数据修改在后自动保存到数据源中。通常可以把控件的显示属性，如Text属性与数据源进行绑定，也可以把控件的其他属性与数据源进行绑定，从而通过绑定的数据设置控件的属性。

1．数据绑定的一般步骤

数据绑定有简单数据绑定和复杂数据绑定两种类型。数据绑定的一般步骤：

（1）建立连接并创建数据提供程序的对象。

（2）创建数据集。

（3）绑定控件，如DataGridView、TextBox。

（4）数据加载。

对控件进行数据绑定，可以在设计时以交互方式进行，也可以在运行时以编码方式进行。

2. 简单数据绑定

简单数据绑定，是指将一个控件绑定到单个数据元素的能力，如将 TextBox、Label 等显示单个值的控件绑定到数据集中某个 DataTable 的某个字段上。

1）在设计时进行简单绑定

在窗体中选中要绑定的控件，然后在“属性”窗口中展开控件的“DataBindings”属性，在“DataBindings”属性列表中显示被绑定的属性。例如，TextBox 控件中的 Text 属性进行简单绑定如图 5.11 所示。

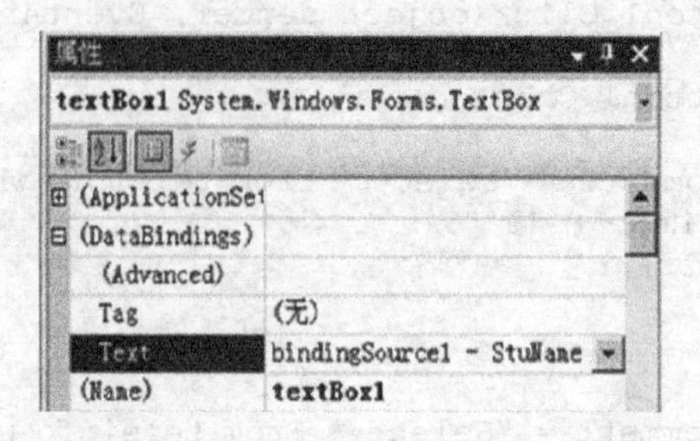

图 5.11　控件的 DataBindings 属性

2）在运行时进行简单绑定

在运行时，通过对控件的 DataBindings 属性调用 Add()方法，使用指定的控件属性名、数据源和数据成员创建 Binding 绑定对象来进行简单绑定。

两种常用绑定方法：

格式 1：控件名.DataBindings.Add(“属性名”，数据源，“字段名”)。

格式 2：控件名.DataBindings.Add(new Binding(“属性名”，数据源，“字段名”))。

例如：将 textBox1 控件的 Text 属性绑定到 ds 数据集中的“userinfo”表的“userid”字段上，编写代码如下：

```
textBox1.DataBindings.Add("Text",ds.userinfo, "userid");
```

或

```
textBox1.DataBindings.Add(new Binding("Text", ds.userinfo, "userid"));
```

【例 5-4】 编写一个 Windows 窗体应用程序，在 DataGridView 中浏览 SQL Server 数据库 teleRecord 中 teleInfo 表的数据，并将各字段值绑定和显示在 TextBox 中。程序运行结果如图 5.12 所示。

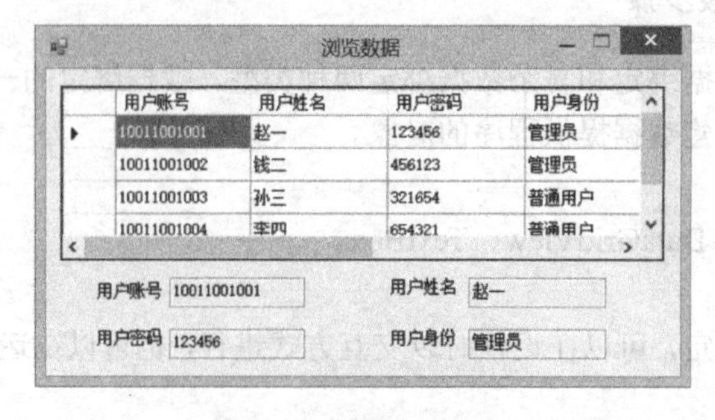

图 5.12　程序运行结果

具体步骤：

（1）设计界面。新建一个C#的Windows窗体应用程序，项目名称设置为Browse，项目所用到的数据库放在\Browse\database文件夹里，向窗体中添加4个Label、4个TextBox、1个DataGridView，按图5.12所示调整控件位置和窗体尺寸。

（2）设置属性。窗体和控件的属性见表5.13所示。

表5.13 例5-4 对象的属性设置

对 象	属 性 名	属 性 值
Form1	Text	浏览数据
	MaximizeBox	False
label1～label4	Text	用户账号、用户姓名、用户密码、用户身份
dataGridView1	AllowUserToAddRows	False
	AllowUserToDeleteRows	False

在dataGridView1上右击，在弹出的快捷菜单中选择“编辑列”选项，弹出“编辑列”对话框，在添加列里分别输入“用户账号”、“用户姓名”、“用户密码”、“用户身份”，在各自DataPropertyName里分别输入“userid”、“username”、“password”、“useridentity”。

（3）编写代码。利用“查看代码”功能进入“代码”视图，编写“using System.Data.SqlClient;”语句导入SQL Server命名空间，在Form1_Load事件添加如下代码：

```
    private void Form1_Load(object sender, EventArgs e)
    {
        dataGridView1.AllowUserToAddRows = false;
        dataGridView1.AllowUserToDeleteRows = false;
        dataGridView1.ReadOnly = true;
        string connstr = "Data Source=(local);Initial Catalog=teleRecord;
Integrated Security=SSPI";
        SqlConnection conn = new SqlConnection(connstr);
        DataSet myds = new DataSet();
        string commstr="select * from teleinfo";
        SqlDataAdapter myadapter=new SqlDataAdapter (commstr ,conn);
        myadapter.Fill(myds, "teleinfo");
        dataGridView1.DataSource = myds;
        dataGridView1.DataMember = "teleinfo";
        textBox1.DataBindings.Add("text", myds, "teleinfo.userid");
        textBox2.DataBindings.Add("text", myds, "teleinfo.username");
        textBox3.DataBindings.Add("text", myds, "teleinfo.password");
        textBox4.DataBindings.Add("text", myds, "teleinfo.useridentity");
    }
```

（4）运行程序，查看结果。

3. 复杂数据绑定

复杂数据绑定，是指将一个控件绑定到多个数据元素的能力。通常是将DataGridView、ListBox、ComboBox等显示多个值的控件，绑定到DataSet数据集的多个字段和多条记录上。

1）在设计时进行复杂绑定

DataGridView控件可以显示多行多列，进行数据绑定时，可以在“属性”窗口将其DataSource属性设置为数据源，如DataSet；再设置其DataMember属性为数据源中的一个子列表，如 DataTable。

ListBox、ComboBox 等控件可以显示多行单列，进行数据绑定时，可以在“属性”窗口中将其 DataSource 属性设置为数据源，如 DataSet，再设置 DisplayMember 属性为数据源中的一个子列表，如 DataTable 中的某个字段。

2）在运行时进行复杂绑定

在运行时，要将 DataGridView 控件绑定到数据源，编写设置该控件的 DataSource 和 DataMember 属性的代码即可；要将 ListBox、ComboBox 等控件绑定到数据源，编写设置该控件的 DataSource 和 DisplayMember 属性的代码即可。

例如，将 comboBox1 控件绑定到 ds1 数据集中“teleinfo”表的“userid”字段上，编写代码如下：

```
comboBox1.DataSource = myds;
comboBox1. DisplayMember = " teleinfo.userid";
```

等同于：

```
comboBox1.DataSource = myds;
comboBox1.ValueMember = " teleinfo.userid";
```

【例 5-5】 编写一个 Windows 窗体应用程序，若用户账号、用户密码、用户身份均正确，可以登录成功，否则登录失败。程序运行结果如图 5.13 所示。

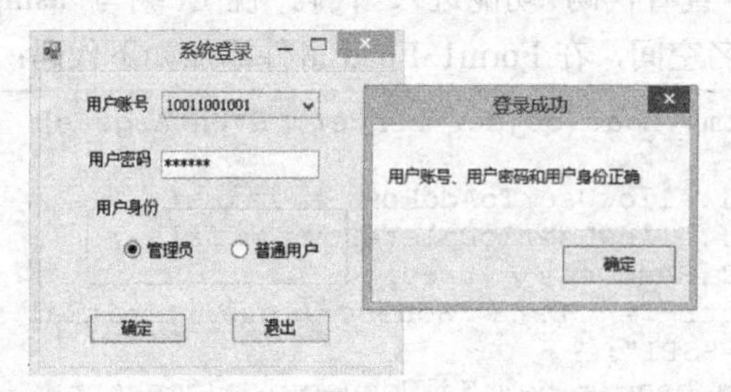

图 5.13 程序运行结果

具体步骤：

（1）设计界面。新建一个 C#的 Windows 窗体应用程序，项目名称设置为 Login，项目所用到的数据库放在\Login\database 文件夹里，向窗体中添加 2 个标签（Label）、1 个文本框（TextBox）、1 个组合框（ComboBox）、1 分组框（GroupBox）、2 个单选按钮（RadioButton）、2 个命令按钮（Button），按图 5.13 所示调整控件位置和窗体尺寸。

（2）设置属性。窗体和控件的属性见表 5.14 所示。

表 5.14 例 5-5 对象的属性设置

对　象	属 性 名	属 性 值
Form1	Text	系统登录
	MaximizeBox	False
label1、label2	Text	用户账号、用户密码
groupBox1	Text	用户身份
radioButton1、radioButton2	Text	管理员、普通用户

续表

对　象	属 性 名	属 性 值
radioButton1	Checked	true
textBox1	PasswordChar	*
button1、button2	Text	确定、退出

（3）编写代码。利用“查看代码”功能进入“代码”视图，编写“using System.Data.SqlClient;”语句导入 SQL Server 命名空间，编写代码如下：

```
    SqlConnection conn;
    DataSet myds;
    // 在 button1_Click 事件中添加代码
    private void button1_Click(object sender, EventArgs e)
    {
        string yhm, mima, shfen;
        yhm = comboBox1.Text;
        mima = textBox1.Text;
        if (radioButton1.Checked) shfen = radioButton1.Text;
        else shfen = radioButton2.Text;
        string connstr = "Data Source=(local);Initial Catalog=teleRecord;
Integrated Security=SSPI";
         SqlConnection conn = new SqlConnection(connstr);
         DataSet myds = new DataSet();
         string selstr = string.Format("select count(*) from teleinfo where
userid='{0}' and password='{1}' and useridentity='{2}'", yhm, mima, shfen);
         try
         {
             conn.Open();
             SqlCommand comm = new SqlCommand(selstr, conn);
             int num = (int)comm.ExecuteScalar();
             if (num > 0)
                MessageBox.Show("用户账号、用户密码和用户身份正确", "登录成功");
             else
             {
                MessageBox.Show("用户账号或用户密码或用户身份错误", "登录失败");
                textBox1.Text = "";
             }
         }
         catch (Exception ex)
         {
             MessageBox.Show(ex.Message, "操作数据库出错");
         }
         finally
         {
             conn.Close();
         }
     }
     // 在 Form1_Load 事件中添加代码
     private void Form1_Load(object sender, EventArgs e)
     {
         string connstr = "Data Source=(local);Initial Catalog=teleRecord;
Integrated Security=SSPI";
         SqlConnection conn = new SqlConnection(connstr);
         DataSet myds = new DataSet();
         string selstr = "select * from teleinfo";
         SqlDataAdapter myadapter = new SqlDataAdapter(selstr, conn);
```

```
        myadapter.Fill(myds, "teleinfo");
        comboBox1.DataSource = myds;
        comboBox1.ValueMember = "teleinfo.userid";
    }
    private void button2_Click(object sender, EventArgs e)
    {
        this.Close();
    }
```

（4）运行程序，查看结果。

5.7 数据的添加、修改与删除

利用 ADO.NET 的五大核心对象及 SQL 命令中的 Insert、Update、Delete 语句可以实现数据库中数据的添加、修改与删除功能。下面以例 5-6 来说明数据添加的实现的过程。

【例 5-6】 编写一个 Windows 窗体应用程序，实现向 SQL Server 数据库 teleRecord 中的 teleInfo 表添加记录的功能。程序运行结果如图 5.14 所示。

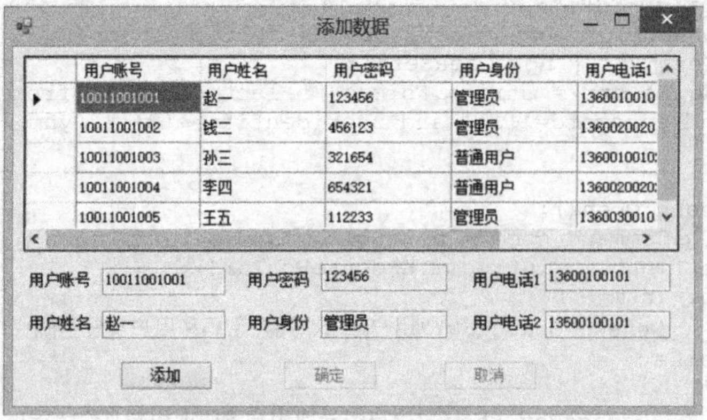

图 5.14 程序运行结果

具体步骤：

（1）设计界面。新建一个 C#的 Windows 窗体应用程序，项目名称设置为 Insert，项目所用到的数据库放在\Insert\database 文件夹里，向窗体中添加 6 个标签（Label）、6 个文本框（TextBox）、1 个 DataGridView 和 3 个命令按钮 Button，按图 5.14 所示调整控件位置和窗体尺寸。

（2）设置属性。窗体和控件的属性见表 5.15。

表 5.15 例 5-4 对象的属性设置

对 象	属 性 名	属 性 值
Form1	Text	添加数据
	MaximizeBox	False
label1～label6	Text	用户账号、用户姓名、用户密码、用户身份、用户电话 1、用户电话 2

续表

对　　象	属 性 名	属 性 值
textBox1～textBox6	ReadOnly	True
Button1～button3	Text	添加、确定、取消
dataGridView1	AllowUserToAddRows	False
	AllowUserToDeleteRows	False

在 dataGridView1 上右击，在弹出的快捷菜单中选择“编辑列”选项，弹出“编辑列”对话框，在添加列里分别输入“用户账号”、“用户姓名”、“用户密码”、“用户身份”、“用户电话 1”、“用户电话 2”，在各自 DataPropertyName 里分别输入“userid”、“username”、“password”、“useridentity”、“telenum1”、“telenum2”。

（3）编写代码。利用“查看代码”功能进入“代码”视图，编写“using System.Data.SqlClient;”语句导入 SQL Server 命名空间。编写代码如下：

```
    SqlConnection conn = new SqlConnection();
    SqlCommand comm = new SqlCommand();
    SqlDataAdapter myadapter = new SqlDataAdapter();
    DataSet myds = new DataSet();
    private void Buttons_Control1()
    {
        textBox1.ReadOnly = true;
        textBox2.ReadOnly = true;
         textBox3.ReadOnly = true;
         textBox4.ReadOnly = true;
         textBox5.ReadOnly = true;
         textBox6.ReadOnly = true;
      }
      private void Buttons_Control2()
      {
         textBox1.ReadOnly = false;
         textBox2.ReadOnly = false;
         textBox3.ReadOnly = false;
         textBox4.ReadOnly = false;
         textBox5.ReadOnly = false;
         textBox6.ReadOnly = false;
       }
       private void Buttons_Change1()
       {
          button1.Enabled = true;
          button2.Enabled = false;
          button3.Enabled = false;
       }
       private void Buttons_Change2()
       {
          button1.Enabled = false;
          button2.Enabled = true;
          button3.Enabled = true;
       }
       private void Form1_Load(object sender, EventArgs e)
       {
          string connstr = @"Data Source=(local);Initial Catalog=teleRecord;
Integrated Security=SSPI";
          conn = new SqlConnection(connstr);
          string selstr = "select * from teleinfo";
```

```
            myadapter = new SqlDataAdapter(selstr, conn);
            myadapter.Fill(myds, "teleinfo");
            dataGridView1.DataSource = myds;
            dataGridView1.DataMember = "teleinfo";
            textBox1.DataBindings.Add("Text", myds, "teleinfo.userid");
            textBox2.DataBindings.Add("Text", myds, "teleinfo.username");
            textBox3.DataBindings.Add("Text", myds, "teleinfo.password");
            textBox4.DataBindings.Add("Text", myds, "teleinfo.useridentity");
            textBox5.DataBindings.Add("Text", myds, "teleinfo.telenum1");
            textBox6.DataBindings.Add("Text", myds, "teleinfo.telenum2");
            Buttons_Control1();
            Buttons_Change1();
        }
        private void button1_Click(object sender, EventArgs e)
        {
            Buttons_Control2();
            Buttons_Change2();
            BindingContext[myds, "teleinfo"].AddNew();
        }
        private void button2_Click(object sender, EventArgs e)
        {
            if (textBox1.Text == "")
            {
                DialogResult res = MessageBox.Show("用户账号为必填项", "提示",
MessageBoxButtons.OK);
                if (res == DialogResult.OK)
                {
                    Buttons_Control1();
                    textBox1.Text = "";
                    Buttons_Change1();
                    int position = BindingContext[myds, "teleinfo"].Position;
                    BindingContext[myds, "teleinfo"].RemoveAt(position);
                    BindingContext[myds, "teleinfo"].EndCurrentEdit();
                }
            }
            else
            {
                try
                {
                    string connstr = @"Data Source=(local);Initial Catalog=
teleRecord; Integrated Security=SSPI";
                    conn = new SqlConnection(connstr);
                    conn.Open();
                    string selstr = "select username from teleinfo where userid=
@用户账号";
                    SqlCommand comm = new SqlCommand(selstr, conn);
                    comm.Parameters.Add(new SqlParameter("@用户账号",
SqlDbType.Char));
                    comm.Parameters["@用户账号"].Value = textBox1.Text.
ToString();
                    SqlDataReader dr = comm.ExecuteReader();
                    if (dr.HasRows)     //有相同用户名时，重新输入
                    {
                        DialogResult res = MessageBox.Show("该用户账号已存在，请重新
输入！", "提示", MessageBoxButtons.OK);
                        if (res == DialogResult.OK)
                        {
                            Buttons_Control1();
                            textBox1.Text = "";
```

```
                        Buttons_Change1();
                        int position = BindingContext[myds, "teleinfo"].
Position;
                        BindingContext[myds, "teleinfo"].RemoveAt (position);
                        BindingContext[myds, "teleinfo"].EndCurrentEdit();
                    }
                }
                else
                {
                    conn.Close();
                    conn.Open();
                    string insstr = "Insert Into teleinfo Values(@用户账号,@
用户姓名,@用户密码,@用户身份,@用户电话1,@用户电话2)";
                    SqlCommand cmd = new SqlCommand(insstr, conn);
                    cmd.Parameters.Add(new SqlParameter("@用户账号",
SqlDbType.Char));
                    cmd.Parameters.Add(new SqlParameter("@用户姓名",
SqlDbType.Char));
                    cmd.Parameters.Add(new SqlParameter("@用户密码",
SqlDbType.Char));
                    cmd.Parameters.Add(new SqlParameter("@用户身份",
SqlDbType.Char));
                    cmd.Parameters.Add(new SqlParameter("@用户电话1",
SqlDbType.Char));
                    cmd.Parameters.Add(new SqlParameter("@用户电话2",
SqlDbType.Char));
                    cmd.Parameters["@用户账号"].Value = textBox1.Text.
ToString();
                    cmd.Parameters["@用户姓名"].Value = textBox2.Text.
ToString();
                    cmd.Parameters["@用户密码"].Value = textBox3.Text.
ToString();
                    cmd.Parameters["@用户身份"].Value = textBox4.Text.
ToString();
                    cmd.Parameters["@用户电话1"].Value = textBox5.Text.
ToString();
                    cmd.Parameters["@用户电话2"].Value = textBox6.Text.
ToString();
                    cmd.ExecuteNonQuery();
                    conn.Close();
                    dataGridView1.Refresh();
                    Buttons_Control1();
                    Buttons_Change1();
                }
            }
            catch (Exception E)
            {
                MessageBox.Show(E.ToString());
            }
            finally
            {
                conn.Close();
                Buttons_Control2();
            }
        }
    }
    private void button3_Click(object sender, EventArgs e)
    {
```

```
        try
        {
            this.BindingContext[this.myds, teleinfo"].CancelCurrentEdit();
            Buttons_Control1();
            Buttons_Change1();
        }
        catch (System.Exception E)
        {
            MessageBox.Show(E.ToString());
        }
    }
```

（4）运行程序，查看结果。

数据的修改与删除，参照本例实现。

5.8 本章小结

本章讲述了ADO.NET的概念、结构、Connection、Command、DataReader、DataAdapter、DataSet五大对象，DataGridView控件，数据绑定，以及利用它们完成数据库中数据的增加、删除、修改、浏览和查询。

习题

1．填空题

（1）SQL语句中删除一个表中记录，使用的关键字是________。

（2）要关闭已打开的数据库连接，应使用连接对象的________方法。

（3）在ADO.NET中，通过执行Command对象的ExecuteReader()方法返回的DataReader对象是一种________。

（4）Microsoft ADO.NET框架中的类主要属于________命名空间。

（5）ADO.NET对象模型包含________和________两部分。

（6）成功向数据库表中插入5条记录，当调用ExecuteNonQuery()方法后，返回值为________。

（7）在ADO.NET中，为访问DataTable对象从数据源提取的数据行，可使用DataTable对象的________属性。

（8)DataAdapter对象使用与________属性关联的Command对象将DataSet修改的数据保存入数据源。

（9）填充数据集应调用数据适配器的________方法。

（10）若想从数据库中查询到student表和course表中的所有信息并显示出来，则应该调用命令对象的________方法。

2．选择题

（1）创建数据库连接使用的对象是________。

A．Connection　　B．Command　　C．DataReader　　D．DataSet

（2）若将数据库中的数据填充到数据集，应调用 DataAdapter 的________方法。

A．Open()　　B．Close()　　C．Fill()　　D．Update()

（3）若将数据集中所做更改保存至数据库，应调用 DataAdapter 的________方法。

A．Update()　　B．Close()　　C．Fill()　　D．Open()

（4）DataAdapter 对象使用与________属性关联的 Command 对象将 DataSet 修改的数据保存入数据源。

A．SelectCommand　　B．InsertCommand

C．DeleteCommand　　D．UpdateCommand

（5）________对象是 ADO.NET 在非连接模式下处理数据内容的主要对象。

A．Command　　B．Connection　　C．DataAdapter　　D．DataSet

3．简答题

（1）何谓数据绑定技术？

（2）列举 ADO.NET 中的五个主要对象，并简单描述。

（3）.NET 中读写数据库需要用到哪些类？它们的作用是什么？

（4）简述 DataReader 和 DataSet 的异同。

4．上机实操题

（1）实现例 5-3。

（2）实现例 5-4。

（3）实现例 5-6。

（4）编写一个窗体程序，实现向 SQL Server 数据库 teleRecord 中 userInfo 表修改记录的功能，userid 不允许修改。程序运行结果如图 5.15 所示。

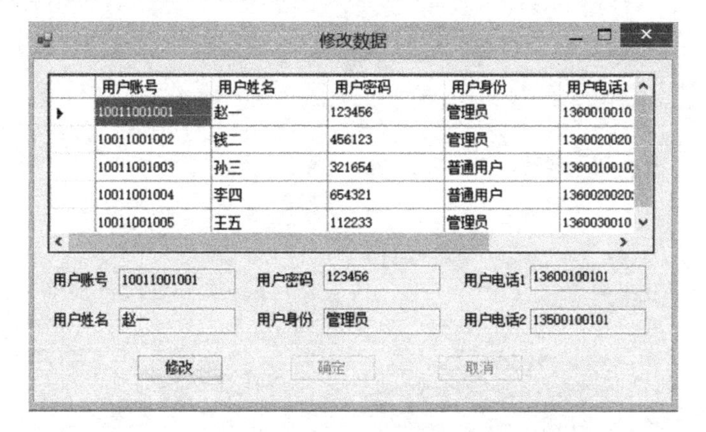

图 5.15　修改数据

（5）编写一个窗体程序，实现向 SQL Server 数据库 teleRecord 中 userInfo 表删除记录的功能。程序运行结果如图 5.16 所示。

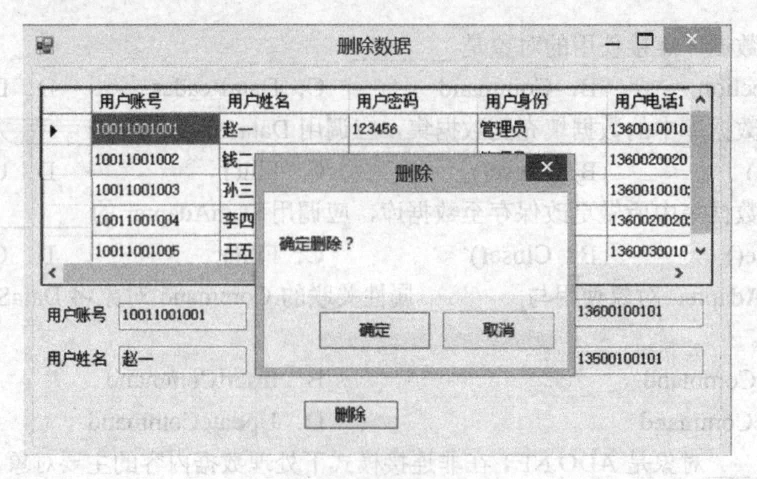

图 5.16 删除数据

第 6 章 综合案例

6.1 功能说明

利用 Label、TextBox、Button、ComboBox、DataGridView 等控件，设计一个 MDI 应用程序来访问 SQL Server 数据库 teleRecord，以实现对通讯录的管理，整个项目包含系统登录、系统主菜单、密码修改、编辑数据、浏览数据、查询数据等六个界面。本项目所用数据为 SQL Server 数据库 teleRecord，包含 teleInfo 表；系统由主菜单界面启动，主菜单包括“系统管理”和“通讯录管理”两个一级菜单，系统管理下有“系统登录”、“密码修改”、“注销用户”、“退出系统”四个二级菜单，通讯录管理下有“通讯录编辑”、“通讯录浏览”、“通讯录查询”三个二级菜单，实现通讯录信息的增加、删除、修改、浏览和查询功能，注销用户功能，及系统的登录和退出功能。系统启动时，只有“系统登录”和“退出系统”可用，其他均不可用；单击“系统登录”按钮，输入正确的用户名、密码和身份后，提示“登录成功”，否则提示“登录失败”；登录成功时，根据用户身份的不同，使用的功能不同（管理员可以使用“通讯录编辑”、“通讯录浏览”、“通讯录查询”等，普通用户可以使用“通讯录浏览”、“通讯录查询”等）；登录成功时，“系统登录”不可用，“密码修改”、“注销用户”、“退出系统”可用。

6.2 设计与实现

新建一个 C#的 Windows 应用程序，项目名称设置为 TelephoneManage，项目所用到的数据库放在\Login\database 文件夹里，将 Form1 重命名为 MenuForm，在项目中再添加 5 个窗体——LoginForm、ChangePasswordForm、EditForm、BrowseForm 和 QueryForm。

6.2.1 主菜单窗体 MenuForm

1. 设计窗体

向窗体中添加 1 个 MenuStrip、1 个 Timer 和 1 个 StatusStrip。程序运行界面如图 6.1 所示，按图调整控件位置和窗体尺寸。

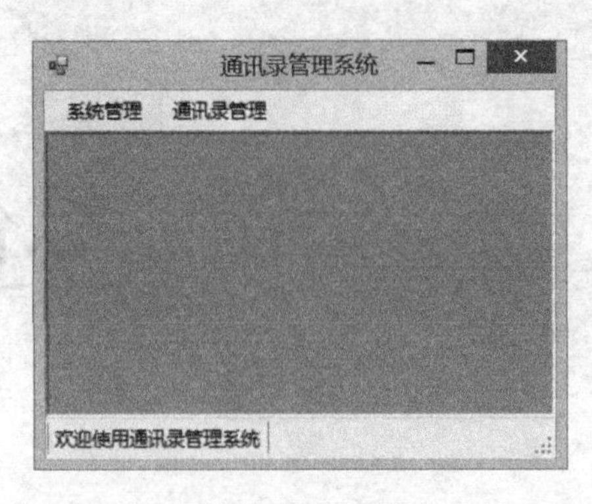

图 6.1　系统主菜单

2．设置属性

窗体和菜单的属性设置见表 6.1 所示。

表 6.1　主菜单窗体的属性设置

对　象	属 性 名	属 性 值
MenuForm	Text	通讯录管理系统
	WindowState	Maximized
	IsMidContainer	True
menuStrip1	Items	2 个菜单项——m1System、m2telephone，其 Text 属性分别是系统管理、通讯录管理
m1System	DropDownItems	4 个子菜单项——m11LoginIn、m12ChangePassword、m13LoginOut、m14Exit，其 Text 属性分别是登录系统、修改密码、注销用户、退出系统
m2telephone	DropDownItems	3 个子菜单项——m21Edit、m22Browse、m23Query，其 Text 属性分别是通讯录编辑，通讯录浏览、通讯录查询
statusStrip1	Items	3 个状态标签——DesStripStatus、TimeStripStatus、OperatorStripStatus，其 Text 属性分别是欢迎使用通讯录管理系统

3．编写代码

利用“using System.Data.SqlClient;”语句导入 SQL Server 命名空间。编写代码如下：

```
//在 public MenuForm()后创建各窗体对象
LoginForm loginForm = new LoginForm();
ChangePasswordForm changePass = new ChangePasswordForm();
EditForm editForm = new EditForm();
BrowseForm browseForm = new BrowseForm();
QueryForm queryForm = new QueryForm();
//编写各自定义方法
private void AdmiStatusOFF()
{
      m11LoginIn.Enabled = true;
      m12ChangePassword.Enabled = false;
      m13LoginOut.Enabled = false;
      m14Exit.Enabled = true;
      m2telephone.Enabled = false;
}
```

```
    private void AdmiStatusON()
    {
          m11LoginIn.Enabled = false;
          m12ChangePassword.Enabled = true;
          m13LoginOut.Enabled = true;
          m14Exit.Enabled = true;
          m2telephone.Enabled = true;
          m21Edit.Visible = true;
    }
    private void UserStatusON()
    {
          m11LoginIn.Enabled = false;
          m12ChangePassword.Enabled = true;
          m13LoginOut.Enabled = true;
          m14Exit.Enabled = true;
          m2telephone.Enabled = true;
          m21Edit.Visible = false;
          m22Browse.Visible = true;
          m23Query.Visible = true;
    }
    //编写窗体FormClosing、窗体Load、各菜单项Click、计时器Tick等事件代码
    private void MenuForm_Load(object sender, EventArgs e)
    {
          AdmiStatusOFF();
          this.TimeStripStatus.Text = "系统当前时间：" + DateTime.Now.ToString
("yyyy-MM-dd hh:mm:ss");
          this.timer1.Interval = 1000;
          this.timer1.Start();
    }
    private void m11LoginIn_Click(object sender, EventArgs e)
    {
          if (loginForm.IsDisposed) loginForm = new LoginForm();     //判断该对
象是否存在，如果不存在，就创建它//
          loginForm.ShowDialog();       //以模式对话框的形式显示LoginForm窗体
          if (loginForm.AdmiMenuStatus == true)
          {
              AdmiStatusON();
              this.OperatorStripStatus.Text = "当前用户：" + LoginForm. userid;
          }
          else if (loginForm.UserMenuStatus == true)
          {
              UserStatusON();
              this.OperatorStripStatus.Text = "当前用户：" + LoginForm. userid;
          }
     }
     private void m14Exit_Click(object sender, EventArgs e)
     {
          Application.Exit();
     }
      private void timer1_Tick(object sender, EventArgs e)
      {
          this.TimeStripStatus.Text = "系统当前时间：" + DateTime.Now.
ToString("yyyy-MM-dd hh:mm:ss");
      }
      private void m13LoginOut_Click(object sender, EventArgs e)
      {
          AdmiStatusOFF();
      }
```

```
    private void MenuForm_FormClosing(object sender, FormClosingEventArgs e)
    {
        DialogResult drClose = MessageBox.Show("您确认要退出通讯录管理系统吗?", "
退 出 系 统 提 示 ",  MessageBoxButtons.OKCancel,  MessageBoxIcon.Question,
MessageBoxDefaultButton.Button1);
        if (drClose == DialogResult.Cancel) e.Cancel = true;
    }
    private void m12ChangePassword_Click(object sender, EventArgs e)
    {
        if  (changePass.IsDisposed)  changePass  = new ChangePasswordForm();
//判断该对象是否存在，如果不存在，就创建它
        changePass.MdiParent = this;
        changePass.Show();
    }
    private void m22Browse_Click(object sender, EventArgs e)
    {
        if (browseForm.IsDisposed) browseForm = new BrowseForm();
        browseForm.MdiParent = this;
        browseForm.Show();
    }
    private void m21Edit_Click(object sender, EventArgs e)
    {
        if (editForm.IsDisposed) editForm = new EditForm();
            editForm.MdiParent = this;
            editForm.Show();
    }
    private void m23Query_Click(object sender, EventArgs e)
    {
        if (queryForm.IsDisposed) queryForm = new QueryForm();
        queryForm.MdiParent = this;
        queryForm.Show();
    }
```

4. 运行程序

运行程序，查看结果。

6.2.2 登录窗体 LoginForm

1. 设计窗体

向窗体中添加 3 个 Label、1 个 ComboBox、1 个 TextBox、1 个 GroupBox、2 个 RadioButton 和 2 个 Button。程序运行界面如图 6.2 所示，按图调整控件位置和窗体尺寸。

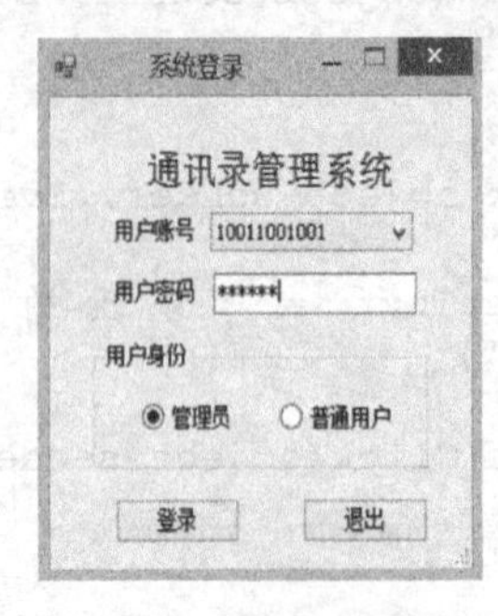

图 6.2 系统登录

2. 设置属性

窗体和菜单的属性设置见表 6.2。

表 6.2　登录窗体的属性设置

对　象	属 性 名	属 性 值
Form1	Text	系统登录
	MaximizeBox	False
label1～label3	Text	用户账号～用户密码～通讯录管理系统
groupBox1	Text	用户身份
radioButton1、radioButton2	Text	管理员、普通用户
	Name	rbAdmin、rbUser
radioButton1	Checked	true
comboBox1	Name	cbUserid
textBox1	PasswordChar	*
	Name	tbUserPwd
Button1、button2	Name	btnLogin、btnClose
	Text	登录、退出

3. 编写代码

利用“using System.Data.SqlClient;”语句导入 SQL Server 命名空间。编写代码如下：

```
//标志用户登录是否成功，通过该变量的真假来判断是否启用系统的功能锁定
public Boolean AdmiMenuStatus = false;
public Boolean UserMenuStatus = false;
//创建密码修改窗体对象，验证什么时候可以修改用户密码
ChangePasswordForm changePass = new ChangePasswordForm();
//声明静态变量，以便于其他窗体访问
public static string userid,username, userpwd, useridentity, telenum;
private void button1_Click(object sender, EventArgs e)
{
      userid = cbUserid.Text.Trim();
      userpwd = tbUserPwd.Text.Trim();
      if (rbAdmin.Checked) useridentity = "管理员";
      else useridentity = "普通用户";
      //访问数据库
      string connString = @"Data Source=.;Initial Catalog=teleRecord;
Integrated Security=True";
      SqlConnection conn = new SqlConnection(connString);
      string sql = String.Format("select username from teleinfo where
userid='{0}' and password='{1}' and useridentity='{2}'",userid, userpwd,
useridentity);
      try
      {
          conn.Open();//打开数据库连接
          SqlCommand comm = new SqlCommand(sql, conn); //创建 Command 对象
          SqlDataReader dr = comm.ExecuteReader();
          if (dr.HasRows)   //如果有匹配的行，则表明用户账名、用户密码和用户身份正确
```

```
            {
                //while (dr.Read()) for (int i = 0; i < dr.FieldCount; i++)
telenum = dr[i].ToString();
                MessageBox.Show(" 恭 喜 您 ， 登 录 成 功 ！ ", " 信 息 提 示 ",
MessageBoxButtons.OK, MessageBoxIcon.Information);
                switch (useridentity)
                {
                    case "管理员": AdmiMenuStatus = true;
                                    UserMenuStatus = false; break;
                    case "普通用户": AdmiMenuStatus = false;
                                     UserMenuStatus = true; break;
                }
                this.Close();
            }
            else MessageBox.Show("用户账号、用户密码或用户身份错误", "登录失败",
MessageBoxButtons.OK, MessageBoxIcon.Exclamation);
        }
        catch (Exception ex)
        {
            MessageBox.Show(ex.Message, " 操 作 数 据 库 出 错 ",
MessageBoxButtons.OK, MessageBoxIcon.Exclamation);
        }
        finally
        {
            conn.Close();// 关闭数据库连接
        }
    }
    private void LoginForm_Load(object sender, EventArgs e)
    {
        string connstr = @"Data Source=(local);Initial Catalog=teleRecord;
Integrated Security=SSPI";
        SqlConnection conn = new SqlConnection(connstr);
        DataSet myds = new DataSet();
        string selstr = "select * from teleinfo";
        SqlDataAdapter myadapter = new SqlDataAdapter(selstr, conn);
        myadapter.Fill(myds, "teleinfo");
        cbUserid.DataSource = myds;
        cbUserid.ValueMember = "teleinfo.userid";
    }
    private void btnClose_Click(object sender, EventArgs e)
    {
        this.Close();
    }
```

4. 运行程序

运行程序，查看结果。

6.2.3 修改密码窗体

1. 设计窗体

向窗体中添加 5 个 Label、5 个 TextBox 和 3 个 Button。程序运行界面如图 6.3 所示，按图调整控件位置和窗体尺寸。

图 6.3　修改密码

2. 设置属性

窗体和菜单的属性设置见表 6.3 所示。

表 6.3　登录窗体的属性设置

对　象	属 性 名	属 性 值
Form1	Text	修改密码
	MaximizeBox	False
label1～label5	Text	用户账号、用户身份、旧密码、新密码、新密码确认
textBox1～textBox5	Name	userIdTextBox、userIdentityTextBox、oldPwdTextBox、newPwdTextBox、renewPwdTextBox
textBox1～textBox2	ReadOnly	True
textBox3～textBox5	PasswordChar	*
Button1～button3	Name	btnModify, btnSave, btnCancel
	Text	修改、保存、取消

3. 编写代码

利用“using System.Data.SqlClient;”语句导入 SQL Server 命名空间。编写代码如下：

```
    private void btnModify_Click(object sender, EventArgs e)
    {
            newPwdTextBox.Enabled = true;
            renewPwdTextBox.Enabled = true;
            btnModify.Enabled = false;
            btnSave.Enabled = true;
            btnCancel.Enabled = true;
            newPwdTextBox.Focus();
     }
     private void btnSave_Click(object sender, EventArgs e)
     {
          if  (newPwdTextBox.Text.Trim()  !=  renewPwdTextBox.Text.Trim()  ||
newPwdTextBox.Text.Trim().Length == 0)
          {  //两次输入的新密码不一致或密码为空
              MessageBox.Show("新密码的两次输入不一致或密码为空！", "密码错误",
MessageBoxButtons.OK, MessageBoxIcon.Exclamation);
              newPwdTextBox.Text = renewPwdTextBox.Text = "";
              newPwdTextBox.Focus();
          }
          else
```

```
            {   //两次输入的新密码一致且不为空
                string newpwd = newPwdTextBox.Text.Trim();
                //访问数据库
                string   connString   =   @"Data   Source=.;Initial   Catalog=
TeleRecord;Integrated Security=True";
                SqlConnection conn = new SqlConnection(connString);
                string sql = String.Format("update teleinfo set password = '{0}'
where userid = '{1}'", newpwd, LoginForm.userid);
                try
                {
                    conn.Open();//打开数据库连接
                    SqlCommand comm = new SqlCommand(sql, conn); //创建 Command
                    int count = comm.ExecuteNonQuery();
                    if (count > 0) MessageBox.Show("修改密码成功！", "密码操作",
MessageBoxButtons.OK);
                    this.Close();
                }
                catch (Exception ex)
                {
                    MessageBox.Show(ex.Message, "操作数据库出错", MessageBoxButtons.
OK, MessageBoxIcon.Exclamation);
                }
                finally
                {
                    conn.Close();//关闭数据库连接
                }
            }
        }
        private void btnCancel_Click(object sender, EventArgs e)
        {
            this.Close();
        }
        private void ChangePasswordForm_Load(object sender, EventArgs e)
        {
            userIdTextBox.Text = LoginForm.userid;
            userIdentityTextBox.Text = LoginForm.useridentity;
            oldPwdTextBox.Text = LoginForm.userpwd;
            btnModify.Enabled = true;
            btnSave.Enabled = false;
            btnCancel.Enabled = false;
            newPwdTextBox.Enabled = false;
            renewPwdTextBox.Enabled = false;
        }
```

4. 运行程序

运行程序，查看结果。

6.2.4 通讯录编辑窗体

1. 设计窗体

向窗体中添加 6 个 Label、6 个 TextBox、5 个 Button 和 1 个 DataGridView。程序运行界面如图 6.4 所示，按图调整控件位置和窗体尺寸。

图 6.4 编辑数据

2. 设置属性

通讯录窗体和菜单的属性设置见表 6.4。

表 6.4 通讯录编辑窗体的属性设置

对 象	属 性 名	属 性 值
Form1	Text	编辑数据
	MaximizeBox	False
textBox1	Enabled	False
Button1～button5	Text	增加、删除、修改、确定、取消
dataGridView1	Columns	有 6 列，其 DataPropertyName 属性值分别是 userid、username、password、useridentity、telenum1、telenum2；其 Header Text 属性值分别是用户账号、用户姓名、用户密码、用户身份、用户电话 1、用户电话 2
	AllowUserToAddRows	False
	AllowUserToDeleteRows	False

3. 编写代码

利用“using System.Data.SqlClient;”语句导入 SQL Server 命名空间。编写代码如下：

```
//定义变量，创建对象
string connstr, selstr,insstr,delstr,upstr;
DataSet myds = new DataSet();
SqlConnection conn;
SqlDataAdapter myadapter;
Boolean sign;
//编写自定义方法
private void Buttons_Control1()
{
    textBox2.Enabled = true;
    textBox3.Enabled = true;
    textBox4.Enabled = true;
```

```
        textBox5.Enabled = true;
        textBox6.Enabled = true;
    }
    private void Buttons_Control2()
    {
        textBox2.Enabled = false;
        textBox3.Enabled = false;
        textBox4.Enabled = false;
        textBox5.Enabled = false;
        textBox6.Enabled = false;
    }
    private void Buttons_Change2()
    {
        button1.Enabled = false;
        button2.Enabled = false;
        button3.Enabled = false;
        button4.Enabled = true;
        button5.Enabled = true;
    }
    private void Buttons_Change1()
    {
        button1.Enabled = true;
        button2.Enabled = true;
        button3.Enabled = true;
        button4.Enabled = false;
        button5.Enabled = false;
    }
    private void DataSet_Bingding()
    {
        textBox1.DataBindings.Add("Text", myds, "teleinfo.userid");
        textBox2.DataBindings.Add("Text", myds, "teleinfo.username");
        textBox3.DataBindings.Add("Text", myds, "teleinfo.password");
        textBox4.DataBindings.Add("Text", myds, "teleinfo. userIdentity");
        textBox5.DataBindings.Add("Text", myds, "teleinfo.telenum1");
        textBox6.DataBindings.Add("Text", myds, "teleinfo.telenum2");
    }
    //编写各事件代码
    private void EditForm_Load(object sender, EventArgs e)
    {
        string  connstr  =  "Data  Source=.;Initial  Catalog=telerecord;
Trusted_Connection=yes";
        string selstr = "Select * From teleinfo Order By userid ASC";
        SqlConnection conn;
        SqlDataAdapter myAdapter;
        conn = new SqlConnection(connstr);
        myAdapter = new SqlDataAdapter(selstr, conn);
        myAdapter.Fill(myds, "teleinfo");
        dataGridView1.DataSource = myds;
        dataGridView1.DataMember = "teleinfo";
        DataSet_Bingding();
        Buttons_Control2();
        dataGridView1.Refresh();
        Buttons_Change1();
    }
    private void button1_Click(object sender, EventArgs e)
    {
        textBox1.Enabled = true;
        Buttons_Control1();
```

```
            Buttons_Change2();
            BindingContext[myds, "teleinfo"].AddNew();
            sign = true;
        }
        private void button2_Click(object sender, EventArgs e)
        {
            DialogResult deleteDialog = MessageBox.Show("确定删除？", "删除",
MessageBoxButtons.OKCancel);
            if (deleteDialog == DialogResult.OK)
            {
                string connStr = "Data Source=.;Initial Catalog=telerecord;
Trusted_Connection=yes";
                conn = new SqlConnection(connStr);
                conn.Open();
                string delCmd = "Delete from teleinfo where userid=@用户账号";
                SqlCommand cmd = new SqlCommand(delCmd, conn);
                cmd.Parameters.Add(new SqlParameter("@用户账号", SqlDbType.
Char));
                cmd.Parameters["@用户账号"].Value = textBox1.Text.ToString();
                cmd.ExecuteNonQuery();
                conn.Close();
                int position = BindingContext[myds, "teleinfo"].Position;
                BindingContext[myds, "teleinfo"].RemoveAt(position);
                BindingContext[myds, "teleinfo"].EndCurrentEdit();
                Buttons_Control2();
            }
        }
        private void button3_Click(object sender, EventArgs e)
        {
            Buttons_Control1();
            textBox1.Enabled = false;
            Buttons_Change2();
            sign = false;
        }
        private void button4_Click(object sender, EventArgs e)
        {
            if (sign)
            {
                if (textBox1.Text == "")
                {
                    DialogResult res = MessageBox.Show("用户账号为必填项", "提示");
                    if (res == DialogResult.OK)
                    {
                        Buttons_Control1();
                        textBox1.Text = "";
                        Buttons_Change1();
                        int position = BindingContext[myds, "teleinfo"]. Position;
                        BindingContext[myds, "teleinfo"].RemoveAt(position);
                        BindingContext[myds, "teleinfo"].EndCurrentEdit();
                    }
                }
                else
                {
                    try
                    {
                        connstr = "Data Source=.;Initial Catalog=telerecord;
Trusted_Connection=yes";
                        conn = new SqlConnection(connstr);
                        conn.Open();
```

```
                    string selstr = "select userid from teleinfo where userid=@
用户账号";
                    SqlCommand comm = new SqlCommand(selstr, conn);
                    comm.Parameters.Add(new  SqlParameter("@ 用 户 账 号 ",
SqlDbType.Char));
                    comm.Parameters["@ 用 户 账 号 "].Value  =  textBox1.Text.
ToString();
                    SqlDataReader dr = comm.ExecuteReader();
                    if (dr.HasRows)     //有相同用户名时，重新输入
                    {
                       DialogResult res = MessageBox.Show("该用户已存在，请重
新输入！", "提示", MessageBoxButtons.OK);
                       if (res == DialogResult.OK)
                       {
                         Buttons_Control1();
                         textBox1.Text = "";
                         Buttons_Change1();
                         int position = BindingContext[myds, "teleinfo"].
Position;
                         BindingContext[myds,        "teleinfo"].RemoveAt
(position);
                        BindingContext[myds, "teleinfo"]. EndCurrentEdit();
                       }
                     }
                     else
                     {
                       conn.Close();
                       conn.Open();
                       string insertCmd = "Insert Into teleinfo(userid,
username,password,useridentity,telenum1,telenum2)Values(@用户账号,@用户姓名,@用
户密码,@用户身份,@用户电话 1,@用户电话 2)";
                       SqlCommand cmd = new SqlCommand(insertCmd, conn);
                       cmd.Parameters.Add(new  SqlParameter("@ 用 户 账 号 ",
SqlDbType.Char));
                       cmd.Parameters.Add(new  SqlParameter("@ 用 户 姓 名 ",
SqlDbType.Char));
                       cmd.Parameters.Add(new  SqlParameter("@ 用 户 密 码 ",
SqlDbType.Char));
                       cmd.Parameters.Add(new  SqlParameter("@ 用 户 身 份 ",
SqlDbType.Char));
                       cmd.Parameters.Add(new  SqlParameter("@用户电话 1",
SqlDbType.Char));
                       cmd.Parameters.Add(new  SqlParameter("@用户电话 2",
SqlDbType.Char));
                       cmd.Parameters["@用户账号"].Value  =  textBox1.Text.
ToString();
                       cmd.Parameters["@用户姓名"].Value  =  textBox2.Text.
ToString();
                       cmd.Parameters["@用户密码"].Value  =  textBox3.Text.
ToString();
                       cmd.Parameters["@用户身份"].Value  =  textBox4.Text.
ToString();
                       cmd.Parameters["@用户电话 1"].Value = textBox5.Text.
ToString();
                       cmd.Parameters["@用户电话 2"].Value = textBox6.Text.
ToString();
                       cmd.ExecuteNonQuery();
                       conn.Close();
```

```
                        Buttons_Control2();
                        dataGridView1.Refresh();
                        Buttons_Change1();
                    }
                }
                catch (Exception E)
                {
                    MessageBox.Show(E.ToString());
                }
            }
        }
        else
        {
            try
            {
                string    connstr    =    "data    source=.;initial    catalog=
telerecord;trusted_connection=yes";
                SqlConnection conn = new SqlConnection(connstr);
                conn.Open();
                string  upstr  =  "update  teleinfo  set  username=@ 用 户 姓
名,password=@用户密码,useridentity=@用户身份,telenum1=@用户电话 1,telenum2=@用户电
话 2 where userid=@用户账号";
                SqlCommand comm = new SqlCommand(upstr, conn);
                comm.Parameters.Add(new   SqlParameter("@  用  户  姓  名  ",
SqlDbType.Char));
                comm.Parameters["@用户姓名"].Value = textBox2.Text;
                comm.Parameters.Add(new   SqlParameter("@  用  户  密  码  ",
SqlDbType.Char));
                comm.Parameters["@用户密码"].Value = textBox3.Text;
                comm.Parameters.Add(new   SqlParameter("@  用  户  身  份  ",
SqlDbType.Char));
                comm.Parameters["@用户身份"].Value = textBox4.Text;
                comm.Parameters.Add(new   SqlParameter("@  用  户  电  话   1",
SqlDbType.Char));
                comm.Parameters["@用户电话 1"].Value = textBox5.Text;
                comm.Parameters.Add(new   SqlParameter("@  用  户  电  话   2",
SqlDbType.Char));
                comm.Parameters["@用户电话 2"].Value = textBox6.Text;
                comm.Parameters.Add(new   SqlParameter("@  用  户  账  号  ",
SqlDbType.Char));
                comm.Parameters["@用户账号"].Value = textBox1.Text;
                comm.ExecuteNonQuery();
                conn.Close();
                dataGridView1.Refresh();
                Buttons_Control2();
                Buttons_Change1();
            }
            catch (Exception E)
            {
                MessageBox.Show(E.ToString());
            }
        }
    }
    private void button5_Click(object sender, EventArgs e)
    {
        try
        {
            this.BindingContext[this.myds,"teleinfo"].CancelCurrentEdit();
```

```
            Buttons_Control2();
            Buttons_Change1();
        }
        catch (System.Exception E)
        {
            MessageBox.Show(E.ToString());
        }
    }
```

4. 运行程序

运行程序，查看结果。

6.2.5 通讯录浏览窗体

1. 设计窗体

向窗体中添加 6 个 Label、6 个 TextBox 和 1 个 DataGridView。程序运行界面如图 6.5 所示，按图调整控件位置和窗体尺寸。

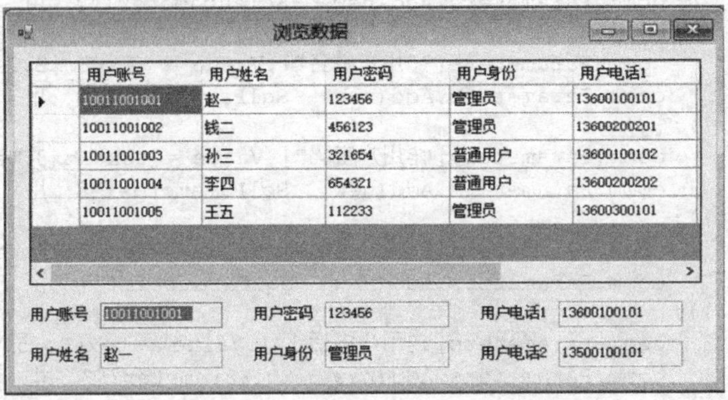

图 6.5 浏览数据

2. 设置属性

通讯录窗体和菜单的属性设置见表 6.5。

表 6.5 通讯录编辑窗体的属性设置

对　象	属 性 名	属 性 值
Form1	Text	浏览数据
	MaximizeBox	False
textBox1～textBox6	ReadOnly	True
dataGridView1	Columns	有 6 列，其 DataPropertyName 属性值分别是 userid、username、password、useridentity、telenum1、telenum2；其 Header Text 属性值分别是用户账号、用户姓名、用户密码、用户身份、用户电话 1、用户电话 2

续表

对　　象	属 性 名	属 性 值
	AllowUserToAddRows	False
	AllowUserToDeleteRows	False

3. 编写代码

利用“using System.Data.SqlClient;”语句导入 SQL Server 命名空间。编写代码如下：

```
    private void BrowseForm_Load(object sender, EventArgs e)
    {
         dataGridView1.AllowUserToAddRows = false;
         dataGridView1.AllowUserToDeleteRows = false;
         dataGridView1.ReadOnly = true;
         string connstr = @"Data Source=.;Initial Catalog=TeleRecord;
Integrated Security=True";
         SqlConnection conn = new SqlConnection(connstr);
         DataSet myds = new DataSet();
         string commstr = "select * from teleinfo ";
         SqlDataAdapter myadapter = new SqlDataAdapter(commstr, conn);
         myadapter.Fill(myds);
         dataGridView1.DataSource = myds.Tables [0];
         int i = dataGridView1.CurrentCell.RowIndex;
         textBox1.Text = dataGridView1.Rows[i].Cells[0].Value.ToString();
         textBox2.Text = dataGridView1.Rows[i].Cells[1].Value.ToString();
         textBox3.Text = dataGridView1.Rows[i].Cells[2].Value.ToString();
         textBox4.Text = dataGridView1.Rows[i].Cells[3].Value.ToString();
         textBox5.Text = dataGridView1.Rows[i].Cells[4].Value.ToString();
         textBox6.Text = dataGridView1.Rows[i].Cells[5].Value.ToString();
     }
     private void dataGridView1_CellClick(object sender,
DataGridViewCellEventArgs e)
     {
         int i = dataGridView1.CurrentCell.RowIndex;
         textBox1.Text = dataGridView1.Rows[i].Cells[0].Value.ToString();
         textBox2.Text = dataGridView1.Rows[i].Cells[1].Value.ToString();
         textBox3.Text = dataGridView1.Rows[i].Cells[2].Value.ToString();
         textBox4.Text = dataGridView1.Rows[i].Cells[3].Value.ToString();
         textBox5.Text = dataGridView1.Rows[i].Cells[4].Value.ToString();
         textBox6.Text = dataGridView1.Rows[i].Cells[5].Value.ToString();
     }
```

4. 运行程序

运行程序，查看结果。

6.2.6 通讯录查询窗体

1. 设计窗体

向窗体中添加 1 个 GroupBox、3 个 RadioButton、1 个 TextBox、2 个 Button 和 1 个 DataGridView。程序运行界面如图 6.6 所示，按图调整控件位置和窗体尺寸。

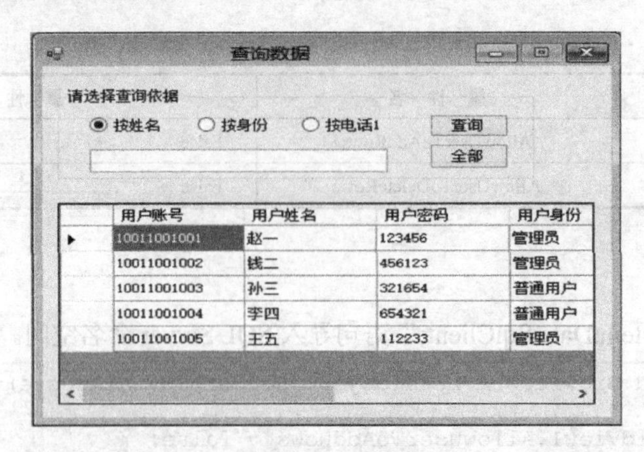

图 6.6　查询数据

2. 设置属性

通讯录窗体和菜单的属性设置见表 6.6。

表 6.6　通讯录编辑窗体的属性设置

对　象	属 性 名	属 性 值
Form1	Text	浏览数据
	MaximizeBox	False
radioButton1～radioButton3	Text	按姓名、按身份、按电话 1
radioButton1	Checked	True
button1～button2	radioButton1	查询、全部
dataGridView1	Columns	有 6 列，其 DataPropertyName 属性值分别是 userid、username、password、useridentity、telenum1、telenum2；其 Header Text 属性值分别是用户账号、用户姓名、用户密码、用户身份、用户电话 1、用户电话 2
	AllowUserToAddRows	False
	AllowUserToDeleteRows	False

3. 编写代码

利用“using System.Data.SqlClient;”语句导入 SQL Server 命名空间。编写代码如下：

```
  private void cx(string commstr)
  {
        string  connstr  =  @"Data  Source=.;Initial  Catalog=TeleRecord;
Integrated Security=True";
        SqlConnection conn = new SqlConnection(connstr);
        DataSet myds = new DataSet();
        SqlDataAdapter myadapter = new SqlDataAdapter(commstr, conn);
        myadapter.Fill(myds);
        dataGridView1.DataSource = myds.Tables[0];
    }
    private void QueryForm_Load(object sender, EventArgs e)
    {
```

```
            string commstr = "select * from teleinfo";
            cx(commstr);
        }
        private void button2_Click(object sender, EventArgs e)
        {
            QueryForm_Load(sender, e);
        }
        private void button1_Click(object sender, EventArgs e)
        {
            if (radioButton1.Checked)
            {
                string commstr = "select * from teleinfo where " + "username like
'%" + textBox1.Text.Trim() + "%'";
                cx(commstr);
            }
            if (radioButton2.Checked)
            {
                string commstr = "select * from teleinfo where " + "useridentity
like '%" + textBox1.Text.Trim() + "%'";
                cx(commstr);
            }
            if (radioButton3.Checked)
            {
                string commstr = "select * from teleinfo where " + "telenum1 like
'%" + textBox1.Text.Trim() + "%'";
                cx(commstr);
            }
        }
```

4. 运行程序

运行程序，查看结果。

6.3 部署应用程序

应用程序开发完之后并不是将源代码给用户使用，而是将编译后的可执行程序给用户使用，部署就是将已开发完的应用程序分发安装到计算机上的过程。为了便于用户创建、更新或删除应用程序，通常使用 VS 2010 提供的部署功能为用户提供一个安装包。

Windows Installer 是一种常用的部署方式，在中小程序的部署中应用十分广泛。它允许用户创建安装程序包并分发给其他用户，拥有此安装包的用户，只要按提示进行操作即可完成程序的安装。通过 Windows Installer 部署，将应用程序打包到 setup.exe 文件中，并将该文件分发给用户，用户可以运行 setup.exe 文件安装应用程序。

下面以综合案例“通讯录管理系统”为例，介绍如何使用 Windows Installer 的“安装项目”模板部署 Windows 应用程序。

6.3.1 创建部署项目

创建部署项目的具体步骤：

（1）打开要部署的应用程序，选择“文件”→“添加”→“新建项目”选项，弹出“添加新项目”对话框，选择“其他项目类型”→“安装和部署”→“Visual Studio Installer”→“安装项目”选项，如图 6.7 所示。修改安装项目的名称，一般命名为“应用程序名+Setup”，确定安装项目的位置。

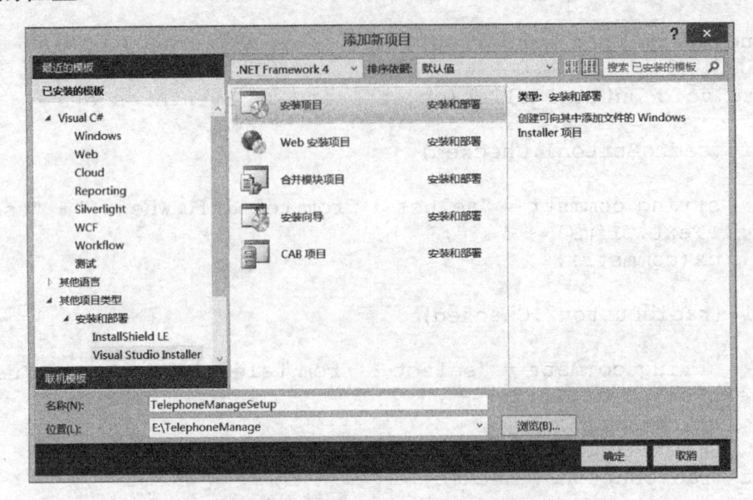

图 6.7 “添加新项目”对话框

（2）单击“确定”按钮即可完成安装项目的添加，打开如图 6.8 所示的文件系统窗口，同时可在“解决方案资源管理器”中看到该安装项目。

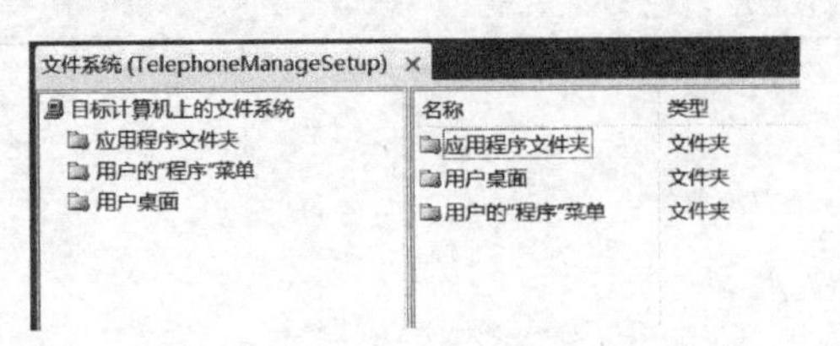

图 6.8 文件系统窗口

6.3.2 设置部署项目

设置部署项目的步骤：

（1）在如图 6.8 所示的文件系统窗口中，右击左侧“目标计算机上的文件系统”的“应用程序文件夹”文件夹，从弹出的快捷菜单中选择“添加”→“项目输出”选项，弹出如图 6.9 所示的“添加项目输出组”对话框。如果当前程序有多个项目，则需要选择要输出的项目；如果当前程序只有一个项目，则无须改动设置。

（2）在“添加项目输出组”对话框中，单击“确定”按钮，生成一个名为“主输出来自 TelephoneManage（活动）”的“输出”类型的文件，在“文件系统”窗口的右侧可以看到该文件。如果项目输出组中还需要包括其他文件（如本地数据库文件）或文件夹（如图片文件夹），右击“应用程序文件夹”文件夹，从弹出的快捷菜单中选择“添加”→“文件”或“添加”→“文件夹”选项，继续进行添加操作，直至完成所有输出内容的添加，如图 6.10 所示。

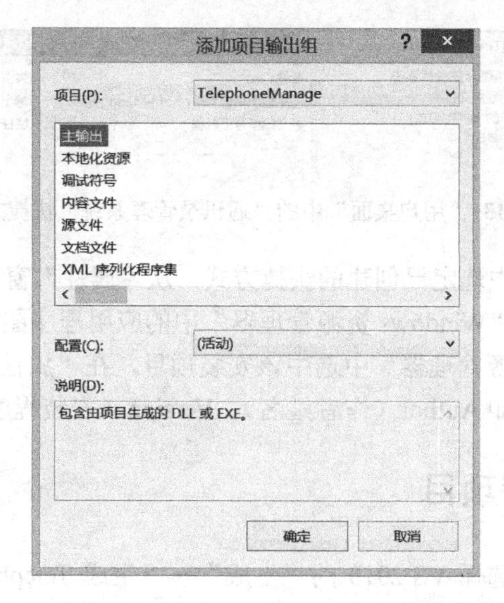

图 6.9 “添加项目输出组”对话框

图 6.10 添加项目输出组后的文件系统窗口

（3）右击“主输出来自 TelephoneManage（活动）”选项，从弹出的快捷菜单中选择“创建主输出来自 TelephoneManage（活动）的快捷方式命令”选项，生成一个“快捷方式”类型的文件，可单击此文件修改快捷方式的名称，如“通讯录管理系统”，如图 6.11 所示。

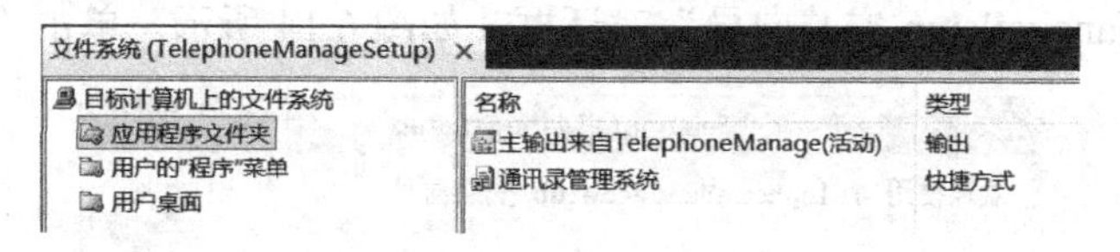

图 6.11 “应用程序文件夹”中的“通讯录管理系统”快捷方式

（4）若希望程序安装完成后，在用户的“程序”菜单中创建一个连接到程序的快捷方式，可以将“通讯录管理系统”文件拖动到左侧的用户的“程序”菜单中；若希望程序安装完成后，在用户桌面上创建一个连接到程序的快捷方式，则可以将该文件拖动到左侧的“用户桌面”中；若希望程序安装完成后，在用户的“程序”菜单和用户桌面上各创建一个连接到程序的快捷方式，则需要重复步骤（2）和步骤（3）的操作，如图 6.12 和图 6.13 所示。

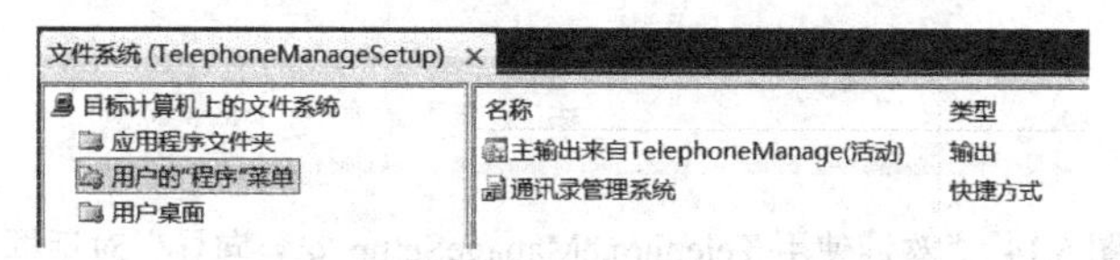

图 6.12 “用户的‘程序’菜单”中的“通讯录管理系统”快捷方式

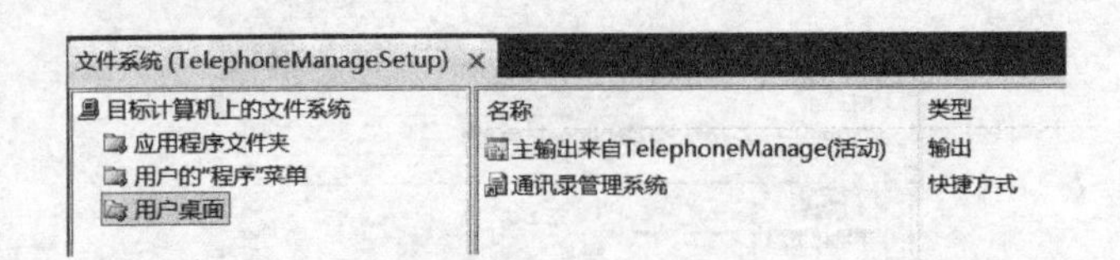

图 6.13 “用户桌面”中的“通讯录管理系统”快捷方式

（5）在文件系统窗口中选定已创建的快捷方式，从“属性”窗口中设置 Icon 属性，选择要出现在目标计算机上的“Windows 资源管理器”中的应用程序图标。

（6）在“解决方案资源管理器”中选中该安装项目，在“属性”窗口中根据实际需要修改安装项目的相关属性，如 Author（作者姓名）、Version（安装程序版本号）等。

6.3.3 生成部署项目

创建完部署项目后，选择 VS 2010 的“生成”→“生成 TelephoneManageSetup”选项，在应用程序窗体的状态栏中会显示生成部署项目过程中的一些状态。在“解决方案资源管理器”中右击安装项目，从弹出的快捷菜单中选择“生成”选项，也可以生成部署项目。该过程需要短暂的时间，如果生成成功，就完成了安装程序的创建，在安装项目文件夹 TelephoneManageSetup 下的 Debug 文件夹中可以看到“TelephoneManageSetup.msi”和“setup.exe”文件。

6.4 安装应用程序

将安装文件复制到目标计算机上就可以进行安装了，双击“setup.exe”文件，打开“欢迎使用 TelephoneManageSetup 安装向导”对话框，如图 6.14 所示，单击“下一步”按钮。

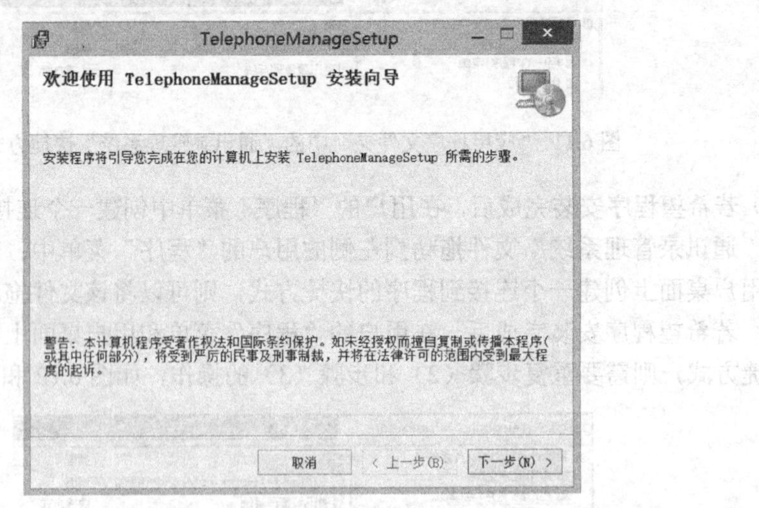

图 6.14 “欢迎使用 TelephoneManageSetup 安装向导”对话框

按照安装向导的提示，对程序进行安装，如图 6.15～图 6.17 所示。

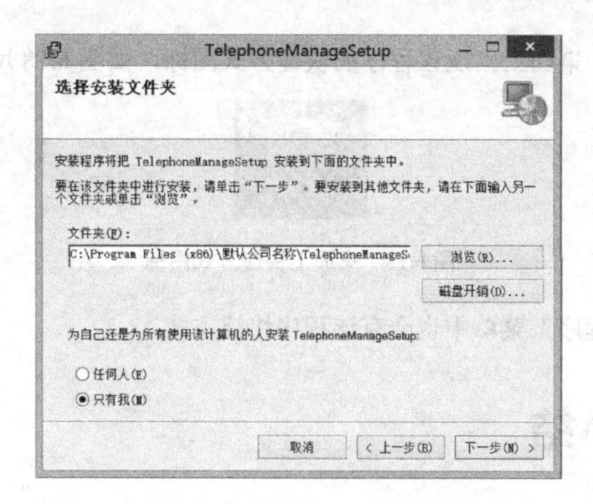

图 6.15 “选择安装文件夹”对话框

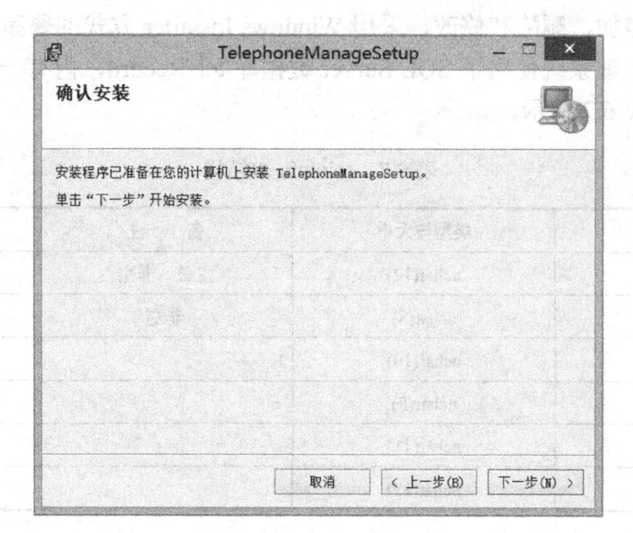

图 6.16 “确认安装”对话框

图 6.17 “安装完成”对话框

程序安装结束后，桌面上出现该程序的快捷方式图标，如图 6.18 所示。

图 6.18　桌面上快捷方式图标

同理，在“开始程序”菜单中也会有该程序快捷方式。

6.5　本章小结

本章以通讯录管理系统为例讲述了 ADO.NET 访问数据库的具体实现，包括系统登录、数据浏览、查询、增加、删除和修改，采用 Windows Installer 方式部署和安装应用程序。

说明：通讯录管理系统使用了 SQL Server 数据库 teleRecord，内有一张数据表 teleinfo，该数据表的结构如表 6.7 所示。

表 6.7　teleinfo 表结构

字 段 名	类型与大小	备　注	说　明
userid	nchar(12)	主键、非空	用户账号
username	nchar(8)	非空	用户姓名
password	nchar(10)		用户密码
useridentity	nchar(8)		用户身份
telenum1	nchar(11)		用户电话 1
telenum2	nchar(11)		用户电话 2

上机实操题

（1）实现综合案例“通讯录管理系统”。

（2）应用程序的部署与安装。

参 考 文 献

[1] 洪洲，许健才. C#.NET 应用开发项目教程[M]. 大连：东软电子出版社，2012.

[2] 崔永红. Visual C#.NET 程序设计[M]. 北京：清华大学出版社，2011.

[3] 刘秋香，王云，姜云桂. Visual C#.NET 程序设计[M]. 北京：清华大学出版社，2011.

[4] 李天平. .NET 深入体验与实战精要[M]. 北京：电子工业出版社，2009.

[5] 钱冬云. Visual C#.NET 数据库应用程序开发[M]. 杭州：浙江大学出版社，2010.

[6] 夏敏捷. Visual C#.NET 原理与实务[M]. 北京：中国电力出版社，2010.

[7] 汪维华，汪维清，胡章平. C#.NET 程序设计实用教程[M]. 北京：清华大学出版社，2011.

[8] 黎浩宏. C#.NET 程序设计[M]. 杭州：浙江大学出版社，2010.